資深工班主任親授
關鍵施工100

拒踩
裝潢地雷

實戰30年的裝潢經驗

教你掌握工法 / 選材重點 / 安心監工不求人

U0021479

今硯室內裝修設計工程・張主任　著

目

錄

Chapter 3

謹慎施工，否則漏水、
跳電樣樣來
水電工程

Chapter 4

水泥砂比例一不對，膨
共、漏水修不完
泥作工程

Chapter 8

批土上漆耐心來，否則裂痕凹洞到你家
油漆工程

Chapter 9

設備安裝不仔細，油煙漏水流入全室
廚衛工程

不只做完，更要做好

從事室內設計裝修業已經三十幾年，從實務過程中累積不少的裝修經驗，即便如此，也不敢說自己是頂尖，在這行厲害的人比比皆是，別的不說，光是每一項工程的師傅在各自領域上絕對比我專精的多，我自己也是看這些師傅做事，再從做中不斷學習精進，站在把事情做好的理念上，我想我可以和大家分享一些室內裝修工程的寶貴經驗。

關於室內裝修的工法無論是坊間書本或者是網路，都有相當多的資料和訊息可以參考，有時可能同一項工程就有不同的做法；但我覺得工法本身沒有對錯，只要能做好就是對的，我常說：「盡信書不如無書。」因此希望這本書從屋主的角度，用較淺顯易讀的方式，解決一般消費者在裝修過程中可能遇到的問題，當狀況發生時有跡可循，不會落入繁瑣難懂的工程陷阱而求助無門。

正因為裝修工程繁瑣難懂，更需要設計師的專業協助，如果設計團隊欠缺經驗，工法知識不足，不但很難要求工班用對的工法施作，還可能會影響到居住安全和品質。一間負責任的設計公司，應該了解工法的邏輯，創造出安全舒適的居住環境；因此這裡也要給大家一個觀念，在選擇室內設計公司時，經驗、專業度都需要衡量，不能一味只用價格高低來考量，否則運氣好住得順順的，運氣不好住進去才發現一堆問題，因為對很多人來說，買房裝修是一輩子的事，絕對不能靠運氣當賭注。

我一直覺得，今天屋主交給我們規劃他們的家，我就希望給他們一個好的居住環境，但什麼是好的居住環境？就是要有好動線、好光線，好通風，當空間具備這3樣條件後，再來談設計美感和風格；每次我們對屋主提出最後的設計圖時，屋主看到的不只是一張圖面而已，事實上這已經是我們團隊討論再討論，修改再修改的第十幾版平面圖的其中一張，規劃時我們會先去了解屋主的需求、生活習慣，觀察房子的條件和狀況再去做最好的安排，然後想像自己在圖面上走一遭，自己要覺得舒服，流暢才可以交給屋主。

　　屋主把房子交給我們，就是一種信任，因為我們真的是全力以赴把每個環節做到最好，我的觀念是──「不只是把東西做完，而是把它做好」，做完沒有做好等於沒做。書裡告訴大家的基礎工法，主要是要讓大家知道，做到對位紮實的裝修工程，都是靠設計師、工班經年累月的經驗換來的，透過整體團隊的專業實實在在做好，讓屋主感受到我們對細節的關注，無形之中也培養出信任感。

　　這本書裡談的是我們在職場上的施工方法，但也未表示其他工法是不正確或不對的。這是經由我過往經驗發展出的訣竅，我不敢說它絕對全對或是最好，但依照書裡提供的處理方式，至少可以創造一個舒適安全的空間。最後決定權還是掌握在大家手上。我也常對新買房子的人說：「房子買了就要愛它，開開心心住進去。」希望大家能從這本書獲得一些實用的幫助，進而減少裝修時不必要的煩惱。

張主任

Chapter 1

先治本，才好住！
解決原有屋況疑難

房屋在進行裝修前，常常有些隱藏在房屋的問題沒有事先被診斷出來，住進去後才發現惱人的狀況一堆，尤其是 20 年以上的老屋，容易發生年久失修，發生漏水、電線老舊，或者原有基礎結構不良等狀況，如果沒有在重新翻修前以正確的工法先處理，等到事後才來補救，就會發覺一切悔不當初。

01 家裡到處下小雨，好頭痛

我踩雷了嗎？

Q₁ 窗戶漏水一定要換窗才能治本嗎？

剛買的中古屋每次下大雨，雨水都會從窗戶邊滲進來，時間久了，窗戶下方因為長時間潮濕，油漆都有膨起的現象，搞不清楚到底窗戶那裡出問題，又不想花大錢全部更換鋁窗，有其它補救方法嗎？

主任解惑：

A 先判斷窗戶和牆體銜接處的問題點，再決定套窗還是拆除重裝

台灣位處在地震帶，颱風多降雨機率又高，加上屋齡老舊或者建造時施工不當，都可能造成窗戶滲水，如果沒有妥善處理，時間一久，窗戶周圍牆面甚至還會產生惱人又不美觀的壁癌。至於窗戶是不是一定要重新更換？要先判斷窗戶真正漏水的原因，若是窗戶滲水而非窗與牆邊之間進水，就直接解決窗戶本身問題，不必全部拆除，這是最簡單有效的處理方式。但若是牆面和窗戶之間有裂縫，或是窗框歪斜等原因，則套窗就無法根治問題，必須重新換窗了。

窗體歪斜，與牆面之間有裂縫，拆除換窗才能治本。而窗體與牆面無裂縫，僅是鋁料、膠條老化等問題，套窗即可解決。

窗戶漏水主因和解決對策

從窗戶滲水位置可以發現5大主要漏水的原因。

1 窗戶與牆面之間發現有地震造成的裂縫

台灣多地震，在地震應力的拉扯下會使窗邊牆面出現裂縫，水就因而滲入。若要填補縫隙，會因應牆面材質而有不同的作法。

地震造成窗邊裂縫。

⊕ 解決方案

1 磚牆結構，拆除重做新窗

由於磚牆結構本身不像混凝土結構較為密實，磚和磚之間仍有縫隙，若採用打針處理，發泡劑可能會流入牆內其他區域，無法確實填補與窗戶之間的縫隙。因此，通常會建議拆除窗戶重新施作為佳。

2 RC牆面，可用打針處理

若窗戶所在的牆面是混凝土結構（RC），可使用「打針」方式處理，將發泡劑打入牆壁裂縫中填補，以阻隔雨水滲入。

名詞
小百科

打針：俗稱「打針」的工法指「灌注止漏」又叫做「高壓灌注」。運用高壓灌注機具搭配止水針，利用壓力將止漏材注入裂縫，以達到止漏的效果，主要施工範圍在屋內。

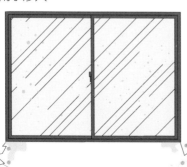
透過打針，注入發泡劑來填補縫隙，避免水滲入室內。

2　窗戶鋁料變形或膠條老化產生的縫隙

　　風壓較大或窗戶老舊，會造成鋁料變形、膠條老化的情況，縫隙就因而產生，水就趁機進入室內，造成漏水問題。

這是窗戶上方的鋼筋受潮，產生爆筋的情況，因而擠壓到下方窗框，導致鋁料變形。

⊕ 解決方案

1 膠條老化，更換就好

　　更換膠條就可解決縫隙漏水問題。

2 鋁料變形，依嚴重程度決定套窗或拆除換窗

　　若鋁料變形不嚴重，沒有漏水現象，才可用套窗解決。但一旦變形嚴重，窗戶和牆壁之間就會產生縫隙，這種情況就必須重新更換新窗。

3　窗框與牆面沒有填滿縫隙

若在安裝窗框時，與牆面之間縫隙沒有確實填滿，容易在窗框四周進水。

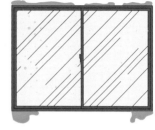

水泥砂漿沒有填滿，產生空隙。

⊕ 解決方案

敲掉窗邊填縫重做

敲除窗邊四周，把填縫不確實的區域都拆掉，重新再以水泥砂漿補滿。

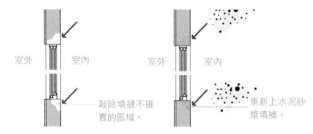

室外　室內　　　　室外　室內

敲除填縫不確實的區域。　　重新上水泥砂漿填補。

4　水從窗框和玻璃的交界處滲入，可能是矽利康老化或脫落

若發現是窗框和玻璃之間漏水，則注意玻璃四邊的矽利康是否有老化或脫落的情況。一旦有脫落，則會出現空隙。

⊕ 解決方案

清除矽利康重做

清除窗戶內外的矽利康，全部重新施作。

5　僅在窗戶下緣發現漏水，上方無狀況，觀察窗台的洩水坡度和窗框內外的高低差

　　若發現漏水區域集中在窗戶下緣，可檢查窗台是否有做到洩水坡度。若沒做洩水坡度，水就積在窗台出不去，進而滲入室內。另外，有些老舊型號的窗戶，窗框下緣沒有高低差的設計，一旦雨量過大，水來不及排出，就容易發生漏水情形。

⊕ 解決方案

1　重做洩水坡度

　　若牆壁和窗戶之間沒有任何裂縫或歪斜，不需換窗，建議重新施作向外傾斜的洩水坡度就好，避免雨水停留在窗台的機會。

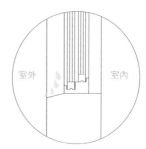

窗台的洩水坡度不夠，造成積水滲入室內。

重做窗台的洩水坡度。

2　老式窗框無高低差，套新窗解決

　　若窗戶本身和牆壁之間無裂縫，可直接套新窗解決。

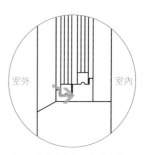

舊窗型的窗框下緣是水平的，無高低差設計，雨水容易進入。

重新套上有高低差設計的新窗即可。

主任的魔鬼細節

Better to do　內退牆面外緣安裝新窗，否則雨水照樣流入室內

　　有些鋁製窗框是中空管設計，因此如果窗戶外牆上方磁磚有縫隙或裂縫，雨水就很容易沿著磁磚流進窗框內，導致窗戶下方跟著進水。另外，老房子在換新窗時，一定會去現場確認窗台深度的情況，有些老房子的窗台深度較窄，若新窗選用的玻璃厚度較厚或是採用雙層玻璃，相對都會讓新窗的窗框深度變大，若窗戶貼平外牆安裝，雨水容易順著窗戶和外牆的縫隙進入。

　　因此，一般建議在架設窗框時位置不要太靠近牆面外緣，可以稍微內退一些，約5公分以上，創造滴水線的設計，減少雨水順勢滲入窗戶流入室內的機會。另外，若外牆有明顯老舊裂痕或水漬，為了防止水進入窗框，可在窗戶上方額外加裝不鏽鋼水切，創造有如屋簷的效果。

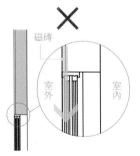 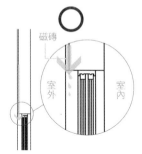 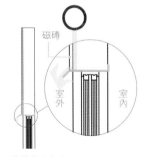

窗框與外牆貼齊，增加雨水滲入機會。

窗戶內退，讓水自然往下，創造滴水線的效果。

外牆老舊的情況下，窗框上方加上不鏽鋼水切，引導雨水向外流。

 ### 監工重點

檢查時機

等待雨天檢查窗戶施工完成後的狀況

☐ 1 窗框和牆面之間水泥砂漿（水路）要填實。

☐ 2 窗台要做向外傾斜的洩水坡度。

☐ 3 玻璃四邊確實施打矽利康。

我踩雷了嗎？

Q₂ 地震後的裂痕導致漏水，要怎麼修補才好？

才買的的新成屋，幾次地震後窗戶下方及部分牆壁都有明顯的裂痕，結果當颱風過後這些裂痕竟然開始有潮濕滲水的現象，擔心久了以後產生壁癌，該怎麼有效處理？

主任解惑：

A 打入發泡劑，填補縫隙

大樓結構受到地震應力拉扯使牆面產生裂縫，導致雨水很容易就從縫隙中滲入，若大樓是RC結構，可使用負水壓工法從室內處理。「打針」就是利用高壓灌注將發泡劑打入牆壁裂縫，以防堵的方式阻擋外來雨水。優點是施工較容易能快速解決漏水，缺點則是漏水源頭仍沒有解決，以後有可能因為地震再度滲水

要注意的是，只有牆面是RC結構時，才可灌注雙液型發泡劑。若為磚牆，要重新施作防水層才行。

做對打針不出錯

Step 1　鑽孔埋設高壓灌注針頭

　　一開始針對漏水裂縫從最低處以傾斜角度鑽孔至結構體厚度一半深，再由下往上處依序鑽孔，鑽孔完成後再於孔洞埋設灌注針頭。

每個孔距大約 25 ～ 30cm 即可。

Step 2　高壓灌注止水劑修復

　　灌注針頭埋設設置完成後，以高壓灌注機注入防水發泡劑，注射至發泡劑從結構體表面滲出；待防水發泡劑接觸空氣硬化後，再測試漏水狀況。

灌注發泡劑。

Step 3　移除針頭清除多餘發泡劑

發泡劑灌注完成後，測試確認無漏水，就可以清除結構上多餘的防水發泡劑。

清除多餘的發泡劑。

負水壓工法：所謂負水壓工法就是在漏水的內面施作防水。例如：頂樓的天花板、壁癌面都是負水壓面；施作於負水壓面的防水材料，利用填塞滲透等方法與結構結合，以防堵外來水進入，但在負水壓面防水，無法阻斷滲漏水源頭，往後因颱風、地震等天然災害，較有可能再次發生漏水的狀況。

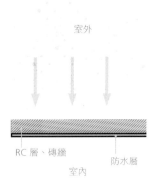

室外

RC 層、磚牆　　防水層
室內

主任的魔鬼細節

Better to do　　**要在裂縫兩側交叉打針，才能確保堵住裂縫。**

　　由於裂縫都是呈現不規則狀，在無法確定牆內裂縫位置的情況下，需特別注意應與破裂面交叉一左一右鑽孔埋設灌注針頭，堵住所有可能的裂縫，注射效果才會比較好。

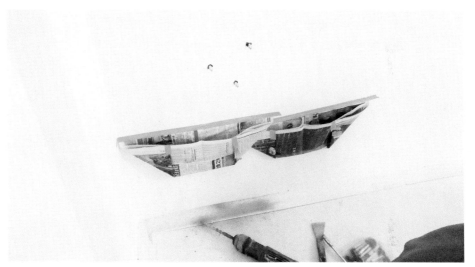

針頭位置要一左一右上下交錯，才能有效防堵看不見的裂縫。

監工重點

檢查時機

施作水泥砂漿粗胚打底前驗收

──────

☐ 1 要分次灌注至發泡劑從表面滲出，確認填滿。

☐ 2 灌注過程中注意是否從外牆或別處縫隙溢出。

☐ 3 粗胚打底前等下雨天檢查裂縫無漏水。

我踩雷了嗎？

Q₃ 外牆磁磚脫落導致滲水，該怎麼處理？

20年老屋的主臥多處牆面有大面壁癌，發現可能是外牆磁磚脫落，讓水滲入牆面，該怎麼有效處理才會住得安心？

主任解惑：

A 重做室內防水層

公寓外牆可能因為年久失修或者受到地震影響，使磁磚老化脫落、窗框及牆壁產生裂縫，這些因素都會使無孔不入的雨水沿著外牆磁磚縫隙順勢滲透進入屋內，造成室內牆面產生壁癌。若想要徹底解決漏水問題，以紅磚結構的老屋來說，一旦有壁癌狀況，最完美的作法是內外牆面都要重新施作防水。要注意的是，只整修自己樓層的外牆是不夠的，要連整棟樓層的外牆也一起重新整修，才能一勞永逸。但這樣的工程多半耗時費力，所花費的金額也較高，因此實際情況下，多半著重室內重做防水就好。

在實際條件不允許外牆做防水的情況下，只好加強著重於室內，室內的每一層防水工程一定要仔細施作。

紅磚結構防水這樣做

Step 1　鑿開室內牆壁表面

處理室內壁癌工程第一步，先鑿開壁癌區域的牆壁表面，鑿壁深度要打到結構紅磚層才可以有效處理漏水。

打到看見紅磚。

Step 2　塗上防水劑加強防水

施作區域的表面鑿至紅磚層後，先塗上加入防水劑的水泥砂漿填補縫隙，初步隔絕外來雨水滲入的機會，第二層再塗上壁癌藥劑，強化壁面防水的效果。

塗上防水層加強。

Step 3　以水泥砂漿打底粉光

防水層施作完成後，先以1：3水泥砂漿粉刷打粗底，之後再以1：2的水泥砂漿均勻塗上粉光表面，待乾燥後就可依設計需求上漆做表面修飾。

 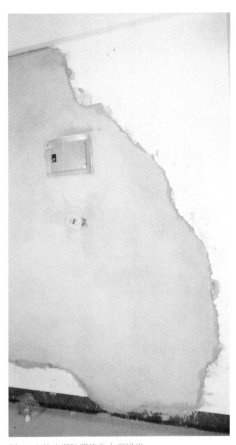

以1：3的水泥砂漿打上粗底。　　　　　　　　　以1：2的水泥砂漿施作水泥粉光。

主任的魔鬼細節

Better to do　　**擴大鑿面加強防水範圍**

　　處理壁癌時，如果是紅磚結構就不適合使用「打針」的方式處理，因為由紅磚堆砌的結構本身有很多間隙，「打針」無法完全填補漏水裂縫，因此針對壁癌區域以防水劑重新施作防水層是較適合的方法。要注意的是，在進行打鑿表面的步驟，鑿面要比實際壁癌的範圍大，目的是擴大後續施作防水處理的面積，確保徹底隔絕漏水源頭。

打鑿前的壁癌範圍。

擴大鑿面，加強處理漏水範圍。

監工重點

檢查時機

待防水工程施作完畢後，面材施作前做漏水檢查

☐ 1 鑿壁時要打至結構層再施作防水。

☐ 2 鑿面範圍要比壁癌地方大。

☐ 3 施工完等雨天確認牆面是否仍有滲水，再繼續後續的水泥粉刷等表面裝飾處理。

Q4 樓上浴室防水有問題，樓下天花板跟著遭殃？

黃太太住了二十幾年的房子，最近樓下住戶向她反應他們家浴室天花板有多處漏水，要她重新整修浴室，樓下漏水真的是樓上的問題嗎？

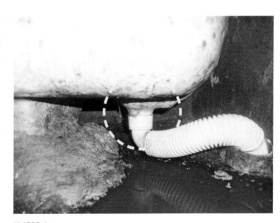

浴缸積水。

⊕

找出衛浴漏水點

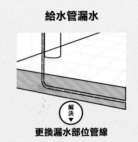

給水管漏水

解決
▼

更換漏水部位管線

排水管漏水

解決
▼

更換管線。
若是地面的落水頭，需再
新鋪上不織布加強防水

主任解惑：

A 在格局未更動的情況下，很有可能是衛浴漏水造成樓下住戶出問題

　　若衛浴格局沒有變更過，樓上樓下的格局大多是相同的，因此若樓下的衛浴天花板有漏水的情況，多半是樓上的衛浴出現問題。

　　浴室是家中用水最頻繁的地方，發生漏水的機率相對也高。一般來說，浴缸和排水孔是廁所容易發生漏水的地方。像是浴缸與牆面接縫處，收邊的矽利康或水泥會因為濕氣或地震脫開，洗澡水就從縫隙流入浴缸下方，若再加上洩水坡度沒做好使水積聚，防水層長期受到浸潤而失效，使樓板漏水到下方樓層。解決的方式就是重新施作浴缸區域的防水層。另外，排水孔也是浴室最常發生漏水的地方，排水孔管邊與水泥砂漿脫離造成滲水狀況。排水漏水位置若在落水頭都較好處理，但若是埋在地板內的給水管漏水，就需要動用較大工程。

衛浴漏水的發生原因有很多種，像是管線銜接處滲漏、浴缸和排水管邊緣有縫隙、洩水坡度沒做好，長期積水造成防水層失效等，必須一一檢測，找出漏水原因再對症下藥。

浴缸與牆面接縫處老化、裂縫

解決
▼

拆除浴缸和磁磚，重做防水層

洩水坡度沒做好導致積水

解決
▼

重新施作浴室地面的洩水坡度

管線漏水這樣修

Step 1　先從天花板維修孔初步查漏水原因

　　由於目前住宅大多將排水管懸吊在樓下住戶的天花板，因此要先推測浴室天花板到底是什麼原因漏水，必須打開維修孔能初步檢查。一般管線滲漏通常發生在接頭或彎頭的地方，但如果是樓板漏水就不一定在相對位置，要先排除管線漏水之後才能確定。

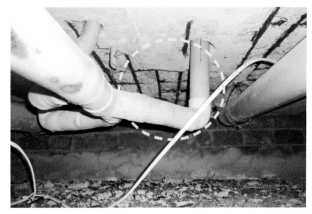

確認天花內管線的漏水位置，此圖可發現因漏水的緣故，已有鋼筋爆筋的問題。

給水管漏水導致的壁癌。

Step 2　從上方樓層開水測試找出漏水點

　　由於排水管的滲漏不是持續性的，在使用水時才會有明顯滲水現象，因此從上方樓層的排水處逐一開水檢測，像是浴缸、洗臉盆、排水孔等，然後對應下層漏水位置。

開水測試，注意管線是否有漏水。若有水痕，表示此管漏水。

Step 3　針對漏水點更新管線

　　維修時只要直接更換管件就可以，管線修復完後再測試，確認沒問題後才可以進行復原動作。

浴缸漏水這樣修

Step 1　拆除浴缸和磁磚

　　浴缸漏水大多是在牆面和浴缸交接處未做好防水、地面的排水孔出了問題，或是洩水坡度沒做好。因此一旦浴缸區發生漏水問題，需一併拆除浴缸以及和浴缸交接的地磚、壁磚。

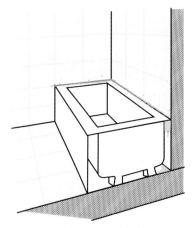

浴缸和牆面交接處滲水，導致內部積水。

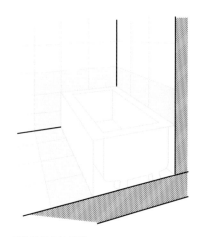

拆除浴缸和地壁磚。

Step 2　重做洩水坡度和防水層

　　浴缸區的地面重新抓出洩水坡度，之後在牆面和地面塗上防水塗料。

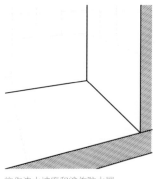

施作洩水坡度和塗佈防水層。

主任的魔鬼細節

Better to do 1　**用有色水準確找出漏水位置**

如果浴室可能有2個以上的滲漏點，可以利用不同顏色的染料稀釋水來檢測，只要將染料水分批倒入可能漏水地方，從滴漏水的顏色準確判斷漏水位置。

Better to do 2　**要剔除的磁磚面積會比浴缸區來得大**

當水進入壁面時，水泥砂漿吸水有可能會發生毛細孔的虹吸現象，而擴大滲水面積。為了保險起見，在拆除磁磚時會多拆一些，比浴缸區來得大。

原有浴缸高度。

 監工重點

檢查時機

漏水管線更換完成後，天花板復原前

———

☐ 1 浴缸下方及地面以水平尺確認洩水坡度是否做好。

☐ 2 注意浴缸與牆面接縫處需填實矽利康。

☐ 3 開水測試更換管件的漏水點是否修復。

02 想住頂樓請小心，漏水、悶熱一起來！

我踩雷了嗎？

Q5 裝修完天花板就漏水，是哪裡出了差錯？

剛住進去的是二十年屋齡的華廈頂樓，裝修完後沒多久客廳天花板竟然出現漏水水漬。過了一陣子，水漬範圍慢慢擴散，連廚房和陽台的天花板都開始不斷滴水，該怎麼處理？

⊕

找出屋頂
漏水點

屋頂地板有裂縫，或防水層被植物根系破壞

解決
▼

重新填補裂縫，並做防水層

主任解惑：

A 一定是頂樓地板的防水層或排水出了問題！

頂樓地面防水層被植物根系破壞。

位於頂樓的住戶發生天花板的漏水問題，基本上是屋頂地面發生狀況，並非是裝修過程中發生不當施工造成的。大多造成的原因是屋頂防水失效、排水不良，導致積蓄的雨水從裂縫滲入到樓層天花板，或者管道間因大雨進水，導致水沿著水管路徑流到屋內裂縫。處理頂樓天花板漏水較積極的作法是同時使用正、負水壓工法，也就是從屋頂著手重新施作防水，以阻絕水分進入，也從室內天花板堵水，達到一勞永逸防水的目的。

位於頂樓的住戶在重新裝修前，務必要到屋頂關注地板是否有裂縫、排水管是否有堵塞等問題，及早解決，這樣才能避免事後裝修完，又必須重做的窘境。

管道間進水	洩水坡度沒做好	排水口堵塞

解決 ▼	解決 ▼	解決 ▼
管道間頂樓屋突防水施作以及密封室內管道間	地面重做洩水坡度，並重做防水層	更換地面落水頭，要能預防落葉和砂石進入

屋頂防水這樣做

不論是洩水坡度沒做好、或是有裂縫的問題,重新整修時,都必須特別注意防水層的施工,唯有做好防水,才能讓漏水不再困擾。

Step 1　做好基礎素地整理工作

屋頂施作防水層時,要為確保防水層與底層緊密接著,在施作屋頂防水工程前一定要先做好整理素地的工作。首先打除表面,確實填補裂縫,將施作面仔細整理乾淨,並修補地面坑洞積水。

整理素地。

填補地面坑洞和裂縫。

Step 2　進行防水層塗佈第一道底油

　　在做好素地整理的工作之後，開始正式施作防水層，首先塗佈一道防水PU底油，底油是結構體與防水層中間介質，目的是固結地面粉塵，使防水層更緊密的結合在施作面上，是防水工程中非常重要的一道施工程序。

施作防水 PU 底油。

Step 3　進行防水層塗佈PU中塗材及防水PU面

　　底油塗佈後，再塗佈一道防水PU中塗材或鋪一層纖維網加強，讓防水材不容易裂開，能提高防水的效力。

鋪上纖維網，避免防水層因地震而產生裂縫。

Step 4　施作兩道防水PU或高分子防熱漆

最後施作兩道防水PU面漆或高分子防熱漆，以抵抗氣候產生的雨水、紫外線，並且預防發霉，整個防水工程才算完成。

施作第二道防水。

防水層完工。

主任的魔鬼細節

Better to do　　**測試地面濕度符合標準**

　　素地整理工程完成後，一定要確認屋頂地面濕度是否符合施作標準，因此建議在連續晴天過後地面可能完全乾燥的情況下施作，最好要使用水分含量器測試樓板水分含量，以免殘留水氣破壞防水層。含水指數為12～15％應屬正常，若超過20％以上可能還有水氣未散的狀況。

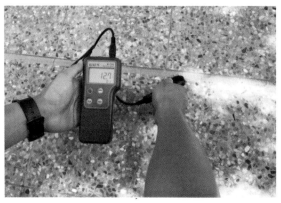

素地整理後再用水分計測量，確認水分含量是否下降。

名詞
小百科

正水壓工法：所謂的正水壓防水，就是在正水壓面（牆體直接迎水面）施作防水，例如：蓄水池裡的內牆、建築外牆、屋頂及浴室貼磁磚面，防水材料施作在正水壓面後阻絕水分進入，水壓在大面積的防水層上較不容易被破壞，防水的效果較好。

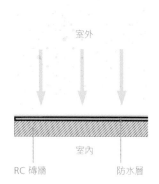

室外

室內

RC 磚牆　　　　　防水層

⊕

監工重點

檢查時機

防水層完成後鋪面材之前檢測漏水

☐ 1 驗收防水可堵住排水口放水或是等雨天時檢查。

☐ 2 以水分含量器從樓下樓板確認樓板水分含量。

☐ 3 要在施作面材前試水，以免水從面材縫隙滲入，造成膨共。

我踩雷了嗎？

Q₆ 頂樓好熱，有什麼辦法可以降溫？

　　為了想要高樓層的景觀，選擇華廈頂樓作為新居，沒想到才接近夏天，屋內溫度就開始飆高，整間悶熱到不行，晚上不開冷氣真的不能睡，電費也變得相當可觀，有沒有什麼方法可以散熱或者降低室內溫度呢？

A 主任解惑：在屋頂地板加上隔熱磚或塗佈隔熱漆，才能有效阻絕熱能

　　購買頂樓房屋前，要先詢問樓板隔熱是如何施做，因為每到炎熱夏天屋頂層為鋼筋混凝土材質，不但隔熱能力不佳。還容易吸收太陽輻射熱，即使開冷氣也很難降溫。要有效解決頂樓悶熱，建議直接從屋頂阻絕熱能，才能讓住家不再整間燒燙燙。屋頂隔熱原理主要是阻絕太陽直曬屋頂，像是台灣常見加蓋鐵皮屋頂，可以視屋頂使用需求塗隔熱漆或者鋪隔熱磚，是比較實際有效的隔熱方法。

常常有人問塗上隔熱漆往往過了一兩年就失效，這是因為風吹雨淋、走動踩踏都會讓隔熱漆的表面塗層損傷，降低反射效果。因此若要想要拉長隔熱時效，多半需再鋪隔熱磚或是加上植栽。

屋頂隔熱這樣做

Step 1　做好防水層後，塗佈隔熱面漆

一般來説，屋頂的隔熱工程和防水工程會一併施作。做好防水後，在表層至少施作2層有隔熱功能的PU面漆或恆溫隔熱漆，每層等乾透再繼續施做，加強抵抗雨水和紫外線並降低室內溫度。隔熱面漆一般多為白色，主要是因為白色對陽光及紫外線的反射率較高。

塗上兩道隔熱漆。

Step 2　加強鋪設隔熱磚

若為平屋頂，可鋪設隔熱磚。隔熱磚有不同種類，像常見的五腳隔熱磚利用觸地支點，讓太陽不要直曬地面達到隔熱效果；或者新形態的隔熱磚，中間採用PS斷熱板，底部使用保麗龍粒子形成斷熱結構，隔熱效果較顯著。

若時常會在屋頂活動，塗上隔熱漆後，建議再加上隔熱磚，雙重保護避免隔熱漆磨損。

萬事起頭好，
別拆壞了房子
拆除&保護工程

保護工程是整個裝修流程展開前重要的基礎工作。施工過程中會有許多進料、退料、搬運等動作，即使師傅再怎麼小心縝密，都難保釘子、鐵錘等都可能會損傷或弄髒原本要保留的裝修。沒處理好，有時還會影響鄰居引發爭議，因此保護工程的費用和施工，是絕對絕對不能省。但保護也是要做在刀口上，一般來說，保護工程的範圍除了住家內，還包括住家外的施工路徑，像大門走道、電梯內部及出入口、梯廳及其他公共區域。

另外，一般人對拆除工程的認知只是打打牆，拆拆櫃子搞破壞而已，其實拆除是一門學問，一般拆除順序的原則大致是由上而下，由內而外，簡言而之就是先拆天花板，再拆牆面和地面，拆除要注意的是千萬不可破壞樑柱、承重牆、剪力牆等建築結構體。

01 保護沒做好，反成破壞元兇

Q1

我踩雷了嗎？

怎麼鋪了保護板，地板還是有坑洞？

重新裝修沿用原本木地板，結果設計師有做地面保護，但完工後發現木地板吃色，又被砸出好幾個坑洞，怎麼會這樣？

A

主任解惑：

保護的夾板不夠厚、邊緣沒貼實才會出狀況！

施工過程難免會有油漆滴落、工具掉落，材料、機具設備搬運放置等動作，像是木地板最怕表面劃傷或有坑洞，因此表面一定要鋪上夾板，避免工具掉落時砸傷。在選用夾板時，使用過的、表面可能有破損的板材最好不用，一般多用2分夾板。另外，像是拋光石英磚或大理石這類材質容易吃色，若是完工發現地板仍有污損，表示保護材質太薄或者做得不夠周全。

地板保護標準做法是先鋪防潮布，再鋪瓦楞板，最後鋪上一層2分夾板，總共鋪3層，這樣才能確保地板不會受到損傷。

這樣保護不出錯

Step 1　交疊防潮布減低髒污滲入

　　第一層先把防潮布鋪滿，以免油漆、髒水等液滲入造成地板吃色。鋪設時2塊防潮布必須交疊，一方面確保防潮布不容易滑動，另一方面則是避免髒污從縫隙滲入。

防潮布的交接處務必貼牢。

靠近牆面處也需貼牢。

Step 2　鋪瓦楞板緩衝撞擊

　　塑膠瓦楞板可以緩衝保護層的耐撞擊度，塑膠瓦楞板也具有防潮性能保護石材、拋光石英磚及木地板在裝修期間減少受潮。塑膠瓦楞板拼接鋪設好後，要用膠帶沿接縫處黏合固定，避免髒污從縫隙滲入的機會。

塑膠瓦楞板具有緩衝力和防潮性，有效保護地板。

Step 3　木夾板預防重物掉落

　　最上層木夾板主要作用是預防尖銳工具掉落損傷地板；木夾板和塑膠瓦楞板一樣，一塊一塊整齊鋪好後，同樣要用膠帶沿接縫處黏合封好，才算做好全面的地板保護。

夾板之間的交接處以及牆邊都需以膠帶黏合封好，避免位移和髒污滲入。

⊕
地板吃色
補救方案

木地板吃色

解決
▼

磨掉重漆。但會破壞表面的
耐磨層，降低耐磨效果

大理石、拋光石英磚吃色

解決
▼

吃色的地方鋪上衛生紙，倒上
工業用雙氧水，吃色嚴重可濕
敷一天後拿起，以改善吃色情
形

主任的魔鬼細節

Better to do　　**如果不鋪防潮布，小心地板留下紋路和髒污**

　　在多年的監工經驗下，曾經遇過保護工程中沒鋪防潮布，直接鋪設瓦楞板的情形。結果可想而知，需要善後的問題一堆。由於塑膠瓦楞板是射出成型的，本身帶有直線條紋路，不論是木地板、大理石或拋光石英磚等，使用全新的瓦楞板鋪設，加上工程期間踩踏重壓，瓦楞板的紋路可能會轉印在地板上。因此務必先加一層防潮布，再鋪設瓦楞板，避免紋路留在材質的狀況發生。

先鋪上防潮布，瓦楞板紋路才不會轉印在地上。

監工重點

檢查時機

裝修展開拆除工程前，檢查保護工程是否完善

────────

☐ 1 鋪設防潮布時每塊邊緣要有交疊。

☐ 2 瓦楞板和木夾板鋪設完畢後接縫確實黏好。

☐ 3 先鋪防潮布後再鋪瓦楞板避免留壓痕。

Q₂ 油漆上完後，傢具到處沾到漆！

家裡做局部翻修，油漆工程完成後發現窗框還有傢具都被噴到油漆，還要重新清理好麻煩！

A 主任解惑：
油漆前一定要做好保護工程，否則粉塵、油漆會到處都是

如果家裡是局部翻修，木作工程結束後緊接著就是油漆工程，在進行油漆工程前，住家內的現有櫃體、傢具、窗框及空調的保護就非常重要，因為噴漆透過噴漆槍噴灑，油漆會瀰漫全屋，除了之後還要再上漆的天花或壁面不必包覆，其他已完工的部分都要都要保護好，另外也別遺漏開關或木作櫃五金等容易被忽略的地方。

油漆前的保護會交由油漆師傅施作，要特別注意五金、窗邊的接縫處，最容易遺漏的區域。

這樣保護不出錯

Step 1　依裝修種類進行保護範圍

　　進行油漆工程前要先確認有那些現有地方需要保護，像是地板、櫃體、傢具、門片、門檻、空調設備及窗框都需要仔細保護。

Step 2　依照地方使用不同保護方式

　　一般來說，不同區域會使用不同的保護材，像是地面就要鋪防潮布、瓦楞板及2分夾板，而櫃體、磁磚牆面、門片，可以使用帶有塑膠布的養生膠紙包覆，能保護的包覆的範圍更大。全熱交換器、空調出風口也要貼養生膠紙，以免油漆粉塵吸進去影響功能，而對外窗戶保護包好後可以留一點開口保通風；已經做好的木作櫃五金也要用養生膠紙貼好。

櫃體、牆面用養生膠紙包覆，地面則用防潮布、瓦楞板和夾板三層保護。

油漆工程期間會有大量的粉塵，因此要特別注意空調是否有被包覆確實。

⊕ 不同區域或施工需求的保護措施

　　保護也是要做在刀口上的。一般來說，保護工程的範圍除了住家內，從大樓往住家的施工路徑，也要一併保護周全，像是大門走道、電梯內部及出入口、梯廳及其他公共區域，保護的範圍和材質則依照管委會規定。住家內則要視裝修狀況做適當的保護，保護工程的範圍和保護材料需視工程性質來決定。

區域		使用材質	注意須知	施作時機
公共走道		防潮布＋瓦楞板＋夾板	依照管委會規定而定。有些社區除了走道外，還需包覆到廊道的牆面	開始裝修前
電梯		材質不一，依管委會的規定而定	範圍包含電梯內部和外部梯廳	
住家大門		防潮布＋夾板	門的正反兩側都要以防潮布和夾板確實保護	
室內地面		防潮布＋瓦楞板＋夾板	1 有重型機具的情況，夾板要加厚，改用 3 分夾板較佳 2 若有大理石門檻，也需額外加上保護，避免邊角受損	1 保有原有地板的情況下，在開始裝修前就要保護 2 施作完新地板後保護
傢具、設備、牆面、過道、窗戶		養生紙	在貼油漆常用的保護材「養生紙」之前，有時可能要先貼紙膠，以免日後撕起時傷到傢具	施作油漆工程前

主任的魔鬼細節

Better to do　　**油漆工程後再鋪木地板，以免木地板被污染**

　　因為工序的關係，泥作工班會先進場施作磁磚，完工後要先保護地板。如果是要鋪設木地板工程，可以等噴漆進行完再進場施作，以免地板被油漆噴染到。

⊕ 鋪木地板的情況

油漆工程	▶	木地板施工	▶	保護地板

⊕ 鋪磁磚的情況

磁磚施工	▶	保護地板	▶	油漆工程

鋪磁磚後要先保護地板。

⊕

監工重點

檢查時機

木作工程完工後，進行油漆工程前，仔細做好保護

──────────

☐ 1　不再上油漆的地方都要確實包覆完整。

☐ 2　空調室內機要先包好。天花若有開孔要蓋上，以防粉塵進入天花內部。

☐ 3　配電箱、開關與木作櫃中的五金等小地方，也要仔細保護完全。

02 拆錯麻煩大，房屋結構要小心

我踩雷了嗎？

Q₃ 想大動隔間，又怕拆到結構牆！

原本的舊屋要翻新，設計師說要把房子隔間全拆除，可是空間有很多樑柱，難道不會影響到結構，這樣安全嗎？

主任解惑：

A 依照建築圖面判斷最準確、不失誤

拆除工程最重要的是不能破壞樑柱、承重牆、剪力牆等結構，否則造成房屋不穩定而導致坍塌。但如何辨斷那些牆能拆，那些是結構不能拆？一般來說紅磚牆或輕隔間牆厚度大約10cm左右較沒有結構支撐力，拆除不會有太大的問題，而支撐房屋的結構牆像是剪力牆是絕對不能拆除。基本上，RC牆超過15cm以上，而且是5號鋼筋就有可能是剪力牆。簡易的判定方法是，從建築藍曬圖面確認結構。

除了結構圖面外，也可從地下室開始觀察每樓層的同一個位置，若都有一道相同厚度和寬度的RC牆垂直貫穿整棟建築，那就有可能是不能拆除的結構牆。

這樣施工不出錯

Step 1　看藍曬圖分辨是否為剪力牆

　　有些建築隔間牆以RC灌蓋，厚度也達15cm以上，因此要正確分辨是否為剪力牆，最好請結構技師判斷，或者去該地的建築管理處調出當初送審的建築圖面來判斷最為準確。

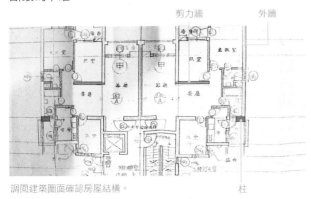

調閱建築圖面確認房屋結構。

Step 2　依拆除設計圖畫牆確認拆除位置

　　進行拆除工程前，設計師會出一份拆除平面圖，並到現場依圖面標示要拆除的位置，拆除師傅再依拆除設計圖進行。事前要徹底溝通好再動工，避免沒拆完，還要多花一筆費用又造成工程延宕。

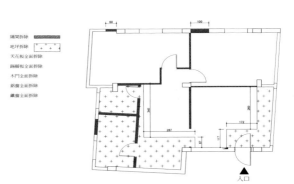

事前要確認好拆除的位置和數量，避免拖延工期和多付費用。

監工重點

檢查時機

清運廢棄物之前要詳細檢查

☐ 1 不能拆除到主要結構牆面。

☐ 2 依照拆除圖仔細對照拆除尺寸、位置是否正確。

☐ 3 檢查是否有遺漏未拆除的地方，必須一次做完，避免增加費用和延宕工期。

Q₄ 水管沒封好，落石掉進去，結果水管堵塞淹大水？！

完工沒多久，發現浴室排水不順，重新檢查之後，結果是泥沙碎石阻塞，這是哪個環節沒做好？

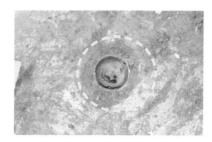

A 主任解惑：

可能是拆除打破水管，或是排水孔事先沒塞好

　　在拆除時，因為管線都藏在牆面或地面，很容易一有不慎就鑽破水管，一旦水管有受損，除了重新更換修復外，也要記得清除掉進去的泥沙碎石，避免水管堵塞。另外，排水管、糞管等管線，都要事先塞好封口，避免施工時有碎石掉入。不能貪圖方便不塞好，事後才在清理管線，這樣都很有可能發生排水不良的問題。

在施工時發現沒封好的管線就要特別注意！碎石可能已經掉落，一定要請師傅當場清理完後再封管。

這樣施工不出錯

Step 1　關閉警報器和斷電，以策安全

在拆除前要關閉消防警報器，並且做好室內斷電措施，預防電線走火及人員觸電等意外發生。

Step 2　排水管要塞好或用膠帶貼封

開始動工拆除前，要先封好室內的排水系統開孔，像是廚衛、陽台排水孔及廁所馬桶糞管，以免拆除過程磁磚塊、泥塊碎屑掉入管線中造成堵塞。

監工重點

檢查時機

拆除未退場前，確認管線狀況

☐ 1　拆除前，檢查排水管是否封好，避免碎石掉落。

☐ 2　一旦有水管破損，需拍照存證，立即處理。

☐ 3　事前和廠商溝通清楚，若有碎石掉落由廠商負責處理。

我踩雷了嗎？

Q₅ 地磚要改成大理石或磁磚，拆除費用不一樣？

原有的地磚想考慮重鋪大理石或是改鋪新磁磚，師傅說拆除的工程會不一樣，費用也會有差，為什麼？

主任解惑：

A 大理石要拆到見底。磁磚則是水泥砂漿層（PC層）沒問題，剔除原磁磚就好

原有地面要改鋪大理石或大片的拋光石英磚時，都算是大工程，會影響到最後的地板完成面高度。鋪設時，會有3～5cm厚的水泥砂，再加上大理石本身的厚度，會需要不少的施作高度。因此，拆除時必須要拆到見底，也就是要拆到樓板層（RC層）。這樣日後在鋪設時，才有足夠的地板高度可以使用。另外，大門與屋外地板高度是否適合，以及室內房間、浴室要否一起墊高，都必須一併考量進去。

而若要鋪60×60cm以內的新磁磚，以水泥砂漿鋪底，施作高度相對較低，因此只要水泥砂漿層（PC層）沒問題，剔除原磁磚即可。

只剔除原磁磚，無須拆除水泥砂漿層，因此工時相對較快；而拆到見底，則時間花費較多也較為費力，因此費用相對會拉高。

另外提醒，若是要改鋪木地板時，則要注意原有地磚是否有膨共問題。若有，則要拆除膨共地磚，重新填補凹洞整平後，再鋪木地板。

這樣施工不出錯

Step 1　以重新鋪設的地板類型，決定是否拆除原有地板

以要鋪設的地板材質，決定要拆到多少，像是鋪設拋光石英磚或大理石地板就要拆到見底，若是鋪一般地磚只要拆到表層就可以了。另外，重新鋪設木地板，地面需平整，若原有地磚狀況良好，可以不拆直接鋪上木地板。但若有膨共情形，就必須拆除有問題的磁磚。

重鋪地板的拆除方案

新鋪設的地板材質	木地板	磁磚	拋光石英磚、石材
原有的地坪拆除方式	1 地板膨共： 拆除問題磁磚，整平後再鋪木地板 2 地板平整： 直接鋪木地板	剔除地磚	拆除地磚，並打到見底

Step 2　拆除地板，徹底清理地面水泥

拆除地磚，用電動槌打除完成後，殘留水泥碎塊一定要清理乾淨，若地面仍存有碎石，後續要鋪水泥砂時，會導致水化作用不完全，碎石和水泥砂無法緊切密合，就容易產生縫隙或發生地板膨起的問題。

剔除磁磚的情況。

打到見底的情況，清除碎石，避免發生地面不平的情況。

Step 3　鋪上水泥砂，貼拋光石英磚或大理石

　　水泥和砂混和均勻後鋪在地面上，淋上一層土膏水後貼拋光石英磚或大理石。要注意的是，水泥砂會有一定的厚度，因此事先需計算好完成面的高度，原有地面需打到見底。

鋪拋光石英磚或大理石。

監工重點

檢查時機

傢具軟裝進場前檢查
木地板

────────

☐ 1 檢查地磚是否膨共和鬆動。

☐ 2 確認並修復磁磚地板至完全平整。

☐ 3 事前算好地面高度，留意面材完成後不
影響門片開合。

保護做完了，工程期間更要注意清潔

　　保護工程不只是做在室內，大樓的公共區域也更要小心注意。在施工的過程中，一定都會有大量的泥沙粉塵，難免會沾覆在鞋底或身上，走到大樓的公共區域時，泥沙灰塵會順勢挾帶出來。另外，在清洗工具時，附著在工具上的水泥砂漿一旦進入排水管，可能會造成堵塞，需事先預防。因此在工地管理上，我特別設定了一些獨有的規範，以達到不擾鄰的情況。

Column

Point1 ▶ 設置踏墊，清除鞋底灰塵

師傅或工作人員經常會進出大樓，因此進出時，在住戶門口放置一塊濕布踏墊，這樣就能盡量不把泥沙帶出，減少落塵量，維持公共區域的整潔。

門口加上濕布踏墊，離開時就能清除腳底粉塵，避免弄髒公共區域。

Point2 ▶ 清洗區設置沉澱箱，避免排水管堵塞

施作的工具難免會沾附到水泥和砂，在清洗時水泥砂漿會一起流入建築物的排水管內，但水泥砂漿會硬化，可能會使排水管堵塞，水排不出去而造成漏水問題，且事後要清除也十分困難。因此，在工程一開始，就會設定好工具的清洗區，清洗區下方設置沉澱箱，使水泥砂和水分離，不讓大量泥沙進入管線。

清洗區下方設置沉澱箱，有效分離泥砂，避免排水管堵塞。

謹慎施工，否則漏水、跳電樣樣來！
水電工程

水電工程與日常生活息息相關，工程內容包括給水、排水及糞管鋪設，配置電源、弱電電線迴路等。由於水電走線大多隱藏在天花板、牆壁或地面的埋入式工程，施工後很難看出好壞，因此稍不注意不但容易被偷工減料，若是配置不當，事後想要補救改善也非常麻煩，嚴重的話還會影響居家安全。

水管的部分則要注意選擇適當的冷、熱水管材質，避免高溫損壞，排水管鋪排路徑則要避免過多轉角，並且要抓洩水坡度，以免排水不順造成堵塞。配電則建議以居住人口用電需求和習慣來計算總用電安培，才不會造成跳電的狀況。水電屬於裝修的基礎工程，在最初就要詳加規劃，預算上也千萬不要節省，才可以讓日後生活便利、住得安心。

01

配電沒規劃，平日用電好麻煩

我踩雷了嗎？

Q₁ 換新電箱還跳電，到底要怎樣配電才會夠？

家裡已經換新電箱，每次廚房電器同時使用就會跳電好麻煩，一次選用最大安培數的電箱，這樣可以嗎？

主任解惑：

A 應該新增一條新的專用迴路，或是捨棄高功率的電器或插座

設計師在配電前應會事先設想居家人口數及用電習慣來計算整體空間用電安培數。一般來說，廚房裡的烤箱或微波爐等高耗電電器，最好獨立使用專用迴路。另外要注意的是，一個無熔絲開關可承載的安培數不可過高，因為如果用電超出負荷範圍不會跳電，無法察覺荷電量過載的問題，久了可能發生走火情況。

電線的荷電量過大，會導致電線過熱，久了外層的塑膠就會融化。少了保護的外衣，電線交纏在一起就會導致走火。因此，無熔絲開關是預防電線走火的警示器，不可隨意加大安培數。

這樣配電不出錯

Step 1　裝修前詳列電器表格，計算好總用電量和迴路

　　設計師、水電師傅在配電前會事先列出所有電器，並設想居住者用電習慣，再規劃整體空間需要多少迴路。現在一般3房2廳（客廳、餐廳，主次臥房、廚房、前後陽臺、主次衛浴）的居家來說，一個房間用同一個迴路，一般一迴有6個插座，總共大約規劃12～18迴左右，高耗電電器要另外設專用迴路，但主要還是以用電量和用電習慣來配置。

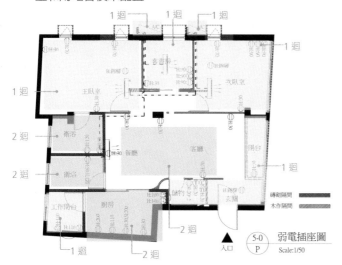

Step 2　拉迴路到配電箱並安裝無熔絲開關

　　計算整體空間用電安培數後，對應配置匯流排配電箱，再安裝無熔絲開關。由這裡彙整家裡所有的迴路，當用電量超載時無熔絲開關會自動跳起避免走火。

 監工重點

檢查時機

水電施工前確認配電圖

☐ 1 事前檢查材質是否為舊線，在施工時也要注意電線是否有被換過。

☐ 2 每個迴路都要都詳盡標明線路。

☐ 3 高耗電電器需拉出獨立迴路。

☐ 4 接近水源的插座，像是浴室、陽臺、廚房要配置漏電斷路器。

我踩雷了嗎？

Q₂ 開關和插座位置好不順手，怎樣規劃才好用？

新家裝修好住進去後才發現插座不夠用，而且有些插座位置太裡面很難使用，如果不想另外拉延長線，現在還可以再增加插座嗎？

主任解惑：

A 可以加插座，只是新拉的電線可能會走明管，較不美觀

基本上配電箱都有預留擴充空間，可以再拉線接電出來新增一個插座，只是必須打鑿牆面埋線，否則就要走明線來解決。

但導致插座不夠用的原因在於「事前未規劃完善」。在規劃水電配置前，一個功能未確定的空間中，在條件允許的情況下，每面牆最好要有一個插座，出口至少雙孔，而現代人生活不可或缺的網路弱電也要一併計算。新大樓通常會跟著插座同時配置，這樣才符合現代生活的需求。另外，也會根據空間需求再增加插座，以臥房為例，書桌、床頭兩側都會再多配一個插座，所以至少會有5個。因此在規劃插座前一定要列出電器清單，與設計師討論規劃好電器的擺放位置，才能將插座設定在適當的地方。

插座的位置多半影響到好用的程度。除了一般常用的插座外，我還會在櫃體踢腳或離地30公分處增設插座，這是考量到方便清掃的狀況，可隨時使用吸塵器或是掃地機器人。

這樣新增插座不出錯

Step 1　確立插座位置後，新增明管

　　若要在現有的空間中增設插座時，要考量到插座的放置高度和位置。而如果牆的另一面有插座，可鑽牆配置，如無則只好走明管，雖然較不美觀，但這是最省錢的作法。若是要將明管藏起來，就必須要打牆埋線，耗時費力。

廚衛等用水區域新增插座時，建議拉高高度，避免清洗時潑濺到，造成電線走火或插座內部生鏽。

Step 2　整理迴路並接上線路

　　將新增的電流接進電箱，並在配電箱內清楚標示迴路名稱，以便後續維修。

Step 3　測電

　　與電箱接電後，利用電表測試，確認是否通電。

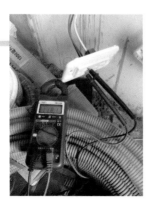

名詞小百科

迴路：簡單的說一個迴路就是一個接通的電路，一個電路中的電流必須從正極出發經過整個電路，（電路中必須有電阻，否則就會形成短路），經過所有的電器回到負極就形成了一個閉合迴路。一個迴路電線在配電箱中會連接一個無熔絲開關，當電線短路或者用電量超載時，會跳起避免電線走火；而專用迴路是指一個迴路只設一個插座，使用電量大的電器不易發生電路超載。

事前這樣配電才對

Step 1 詳列電器表格規劃家電擺放位置

在配置插座數量及開關時,要先依照選定設備規劃擺放位置,繪製電路工程計畫圖時,圖面上要精確標明。

Step 2 依習慣及需求設定插座的高度

插座高度則以使用者的習慣配合電器擺放位置設定。現場依照水平基準線來定位;一般插座大約離地30cm、床頭插座約45～60cm、桌面插座約90cm。流理檯主要以使用者高度來設定,大約90～100cm左右,也要注意與水槽及瓦斯爐保持適當的距離。

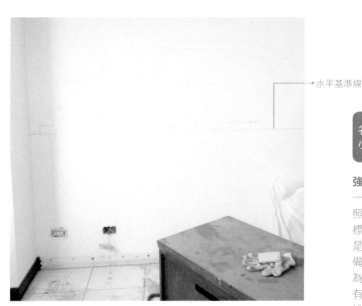

•—水平基準線

設置水平基準線後,以此為標準,設置不同高度的插座。

名詞
小百科

強電、弱電:簡單來說強電一般指的是電力安裝,例如:照明、插座等,根據各國的標準不同,基本上施工的都是 110V 或 220V 的電力設備、管線安裝。傳輸訊息的為弱電,例如:電話、網路、有線電視的信號輸入、音響設備輸出端線路等。

主任的魔鬼細節

Better to do 1　**事先預留220V給廚房，日後方便新增電器，有備無患！**

　　居家用電一般來説會依照用電習慣配置，除此之外，電箱在接電時會在廚房多預備一條可變換110V或220V的獨立迴路。由於220V是兩條火線（一條是+110、另一條-110 ）加上接地線接在一起。暫時可以先將一條火線接到中性線當110V使用，等需要用到高功率的電器時，可以從開關箱換成 220V，就可省去重新接線的麻煩。

Better to do 2　**在現有插座的另一側新增插座更省事！**

　　若不想走明管，在條件允許的情況下，延伸現有插座的電線，在背向側新增插座，這樣不僅能避免明管，也能保持美觀的牆面。

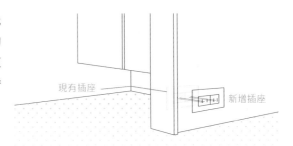

現有插座　　　　　　　　　　　　　新增插座

在現有插座的背面新增插座。

監工重點

檢查時機

事前規劃時，問清楚每個區域的用電情況和插座位置

———————

☐ 1　廚房高功率電器要使用獨立插座。

☐ 2　流理檯應預備備用插座，方便果汁機等小型家電使用。

☐ 3　新增插座完工時，要額外確認是否通電，另外也要注意是否會造成荷電量過大的情形。

Q₃ 安裝管線亂打牆，埋在牆裡看不見沒關係？

家裡是自己找工班裝修，配電安裝管線時，看到師傅沒畫線就打鑿，牆面打得亂七八糟，有些地方的出線盒還埋不進去，面板無法與牆壁密合，是施工前少了什麼動作嗎？

A 未放樣就打鑿，不僅牆面被亂打，事後修補也會拖長施工時間

　　雖然電管是埋在地面或壁面裡，但在正式進場配管之前不能少了放樣這個步驟。放樣主要目的是讓水電師傅知道電管的行走路徑，同時也增加設計師、監工與師傅溝通的方便性。因此放樣除了抓出線路的水平、垂直，還有標示電管的走向及定位出線口。設計師畫設計圖時會事先標明線路及插座，進場時再依照水平基準線畫定正確位置，待設計師、監工確認無誤後，水電師傅再依照所畫路徑切割，保持牆壁完整性，使後續工程順利進行不會出錯。

在規劃管線行走路徑時，必須考量最短距離外，也要考量到走線的整潔度，這樣才夠美觀。

這樣電線施工不出錯

Step 1　全室放樣水平線、定位

拆除完成後水電進場前，在地板完成面向上量出基準高度，然後在全室畫一條水平線，之後也可用這條水平線作為標示水電管線、出線口及開關位置的定位基準。不僅如此，在木作、泥作等工程，也是以此為基準線來施作。

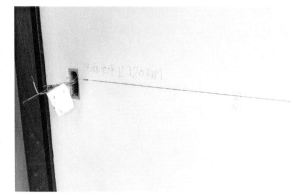

先訂出水平基準線，方便師傅規劃整體的出線口、開關位置等。

Step 2　切割打鑿

水電師傅依照放樣記號先在牆面切割出管線路徑和出線盒位置再進行打鑿。出線盒位置的打鑿深度必須適中，太淺的話，出線盒埋不進去。

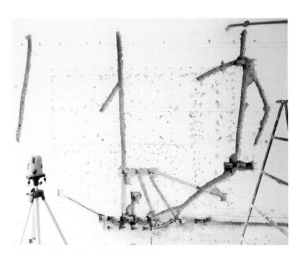

放樣後，進行打鑿，規劃出電線路徑。

Step 3　埋入出線盒

　　埋入出線盒的位置先浸濕再抹上水泥砂漿，讓水泥砂漿與水產生水化作用，讓出線盒更穩固不易脫落。利用量尺調整出線盒的水平和進出。若為並列的出線盒，每個水平需達到一致，完工後才會看起來整齊。

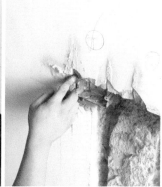

在埋出線盒之前，可先放進凹洞比對，確認深淺和高度無誤後，再以水泥砂漿固定。

Step 4　配管

　　管線穿過出線盒後沿打鑿處配置，配完管後馬上利用管線固定環固定，再以水泥砂漿定位，配置電管路徑時，以不超過4個彎為佳，否則會較難抽拉電線。

配管時要馬上固定，避免不小心踢到而歪斜。

Step 5　穿線後做好標記

　　火線、中性線和地線綑綁在一起後固定，穿入管線，同時接地線必須接妥，出線口的電線要做上標記，方便後續施工者確認。

穿好電線後，必須做上標記，讓後續工班確認電線的用途為何。

監工重點

檢查時機

水電施工的打牆階段，確認管線走位是否整齊

☐ 1　事前檢查是否有先做管線放樣，才不會發生亂打牆的問題。

☐ 2　埋入的電管需使用CD硬管，避免水泥砂漿壓迫。

管線、出線盒的材質選擇

配電時，除了注意施工步驟外，材質使用的正確與否，也關乎完工品質的好壞。以下將針對電線、電管和出線盒的材質來比較。

Point1 ▶ 電線不用舊的，防止走火危機

有時會因為電線不夠長、師傅來不及買新的電線，為了省麻煩，直接用舊電線，但這樣往往會出問題。老舊電線因為使用已久，可能會有外皮脫落、電線受損的情況，再使用下去，可能導致走火的情況。因此事前要先檢查電線材質，還要注意上方的線徑標示。一般來說，開關插座、燈具出線是110V的需用線徑2.0的電線，220V的需用線徑2.0 或是3.5、5.5平方絞線才足夠荷電。

舊電線及電箱

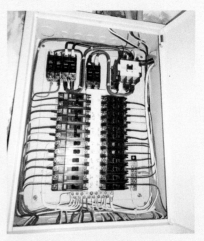

新電線及電箱

⊕ 硬管和軟管的特性比較

	CD 硬管	CD 軟管
特性	質地堅硬,可有效保護電線不受擠壓變形	質地較軟,用手就可擠壓,多用在出線處方便調整位置

Point2 ▶ 埋壁的電管務必選用硬管,否則會被擠壓變形

由於電管大部分都是埋在牆壁中,因此發展出CD硬管,不怕被水泥砂漿擠壓而變形,能有效保護管內電線。若使用軟管,一旦管線受到擠壓,管徑變小,原本通電而溫度升高的電線就會難以散熱,而最終導致電線走火的情形。

Point3 ▶ 濕區最好用不鏽鋼出線盒,才能有效防潮

埋入的出線盒也要注意材質選用,一般有分成鍍鋅和不鏽鋼材質。客廳、餐廳、臥房等使用鍍鋅材質即可,但在廚房、衛浴、陽台等容易有水的地方,建議選擇不鏽鋼的出線盒能避免水氣進入。

鍍鋅的出線盒出現生鏽情形。

左側的出線盒為不鏽鋼材質,上方印有 304 的字樣,可供辨認。右側則為鍍鋅材質。

02 水管管線沒鋪好，給水排水功能難發揮

Q₄

我踩雷了嗎？

廁所移位置，不小心就堵塞？

新家裝修要大改格局，想要移動廁所位置，設計師卻說要加高地板，如果不墊高，馬桶會塞住，是真的嗎？

A

主任解惑：

一定要架高地板，才有足夠的傾斜角度讓排水系統順暢

　　由於大樓所有樓層的廁所管線都會連接到管道間，接著再排到污水系統，因此更動衛浴置，位移水管及糞管算是一個大工程。一般來說，由於糞管管徑較寬，地板架高來隱藏糞管有兩種方式。一是往下打地坪見到筋，讓糞管下埋，地板架高的高度可稍微降低。二是架高15cm的地板。同時，為了要讓排水順暢，必須維持足夠的洩水坡度。選擇往下打的話，必須有夠厚的地板條件，否則無法施作。

新移位的管線儘量不要離管道間太遠。否則管道距離愈遠，為了配合足夠的洩水坡度，地板就要墊得更高，才不會影響沖水效果。

這樣位移糞管不出錯

Step 1　糞管移位，轉彎角度不宜過大

　　以排污的順暢度考量，一般不建議馬桶位移，非得移動的話，在5cm範圍以內可以使用偏心管稍微移動位置，而無須動到管線。移動位置愈小堵塞的機會就愈小，超過5cm以上就要重新調整排糞管。要注意糞管最好走直線不要轉彎。如果要轉彎，角度避免90度垂直銜接，才能確保排水順暢，否則就容易阻塞。

重新調整糞管位置，注意不要90度銜接管線。

Step 2　加高地面做足洩水坡度

　　如果馬桶位移距離較長，就要加高廁所地面，以便做出糞管的洩水坡度。

完工後再次測量地面的洩水坡度。

 監工重點

檢查時機

管線排列完、水泥砂漿未固定前，要先測試排水管的洩水坡度

☐ 1 用水平尺確認排水管有達到一定的洩水坡度。

☐ 2 排水支管的角度不可以90度銜接。

☐ 3 廁所馬桶位移距離不要太遠。

Q5

我踩雷了嗎？

事前沒做試水，封牆就定生死！

換完管線，師傅好像沒試水，人就走了。結果等到完工後，樓下來抗議天花板漏水，查明原因才發現是管線有縫隙沒接好，發生爆管情形！

A

主任解惑：

在上水泥砂漿之前，一定要做試水，以免管線爆開漏水，事後修補更困難！

測試水壓是水管工程施作完畢後，一定要做的步驟。因為管線沒接好是漏水的主因之一，加壓試水可以預防事後漏水的情況，建議至少要試一小時以上，若想更謹慎，建議測試一晚較為適當。測試時以加壓機增壓，確認管徑和接頭是否足以承受水壓，經高壓後不會造成漏水問題才可以進行之後的工程。

試水的隔天即可查看水壓計的壓力是否有降低。若有降低則代表管線有縫隙，使得空氣洩出，同時若有縫隙，也可發現某處一定有漏水的情形，再行修補即可。

這樣試水不出錯

Step 1　關閉水閥，出水口略微轉鬆

　　將整戶的水閥關閉，各出水口略微轉鬆，使管內的水先洩光。

轉鬆出水口，釋放管內壓力。

Step 2　水管相接，形成封閉系統

　　將冷、熱水管的管線相接，形成一個封閉的系統，方便進行測試。

Step 3　連接機具，將管內空氣排出

　　為了避免空氣壓力影響水壓測試，利用機具將管內的空氣排出，使測試達到精準。

Step 4　打入水壓，建議需5kg/cm²

打開水閥，以機具連接水管。打入水壓，建議需有5kg/cm²的壓力，並測試一個小時。確認壓力表指針指到5kg/cm²時，在表上做記號，方便事後確認。

打入水壓，新成屋的狀況下，建議水壓試到 5kg/cm²。

Step 5　試水一小時至一天左右後，巡視管線狀況

保險起見，建議試水最少一小時，最多可拉到一天。巡視時，先確認水壓計是否有下降，接著確認地面是否有濕。若有的話，表示管線仍有縫隙，進行修復動作。

巡視每區的管線漏水情形，以及水壓計的壓力狀況。

主任的魔鬼細節

Better to do　　**新舊水管相接就不建議試水，以免爆管！**

水管最常會漏水就是接口的地方，如果是老房屋只有部分換管，新舊水管相接就不建議試水壓，舊水管部分可能因為無法承受壓力而爆管。

若是全面換新水管則還是一定要試水壓，檢查水管接頭有沒有漏水問題。一般用水的情況下，水管壓力多為2kg/cm²，在測試時，老公寓的水壓建議降到3kg/cm²即可，新成屋會以5kg/cm² 來測試。測試一個晚上壓力表指數沒有持續下降，地板沒有濕，才可以封管。

老房子重換水管，在測試壓力時，至少要做到 3kg/cm² 以上較佳。

 監工重點

檢查時機

在泥作工程之前試水

☐ 1　必須在泥作封管前測試水壓。

☐ 2　試水不可貪快，建議至少要一小時以上，若有時間，則拉長到一天最為保險。

☐ 3　新舊水管相接要特別檢查水管接口。

Q6 動不動就打破管線，延宕工程真麻煩！

當安裝木地板或是安裝洗手檯等衛浴設備時，往往會因為下釘或是鑽洞的關係，不小心打到水管而漏水，不僅讓裝好的木地板泡湯了，又必須多花一段時間善後，重新補救水管，到底要怎麼預防才好？

主任解惑：

A 最好施工前提供管線路徑的照片來比對

若確定事後會鋪木地板的情況下，有經驗的水電師傅會和泥作師傅相互配合，水電師傅會先沿著管線加上束帶，填上水泥後就能看清管線走位，避免下釘打破的問題。但要注意的是，這不是必做的程序，通常是有要求時才做。

一般會先提供記錄管線的照片或圖面，或是水電師傅事前做好標記，方便後續工程的施工，以免誤打破水管。其實打破水管在現場施工來說是很常發生的事。一般來說，最有可能發生打破水管的工程，通常是安裝廚衛設備和木地板。這是因為在裝設廚衛設備時會在牆面鑽孔，而木地板則是會下釘，因此在施工前提供照片記錄或圖面，能避免事後打錯位置造成破壞。

這樣接管不出錯

Step 1　冷熱水管接管時，注意間距

　　在接管時，距離主幹管越遠，分支管的直徑需相對縮小，以維持水壓。冷、熱水管之間保持適當距離，除了讓溫度不互相影響外，也方便日後維修。

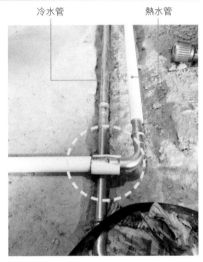

冷水管　　　　　　　熱水管

冷、熱水管最好相距10cm 左右。

冷、熱水管若要交疊，一定要套上保溫層。

Step 2　固定管線

　　管線以固定環固定，並以水泥砂漿定位，避免後續施工時工人行走踢到，導致管線移位。

地面的管線最容易在行走時踢到，確認做好洩水坡度和定位後，最好以水泥砂漿固定。

主任的魔鬼細節

　　熱水管要用不鏽鋼材質才安全

　　冷水管大多使用PVC管，若有預算可用不鏽鋼材質。但由於熱水管需承受的溫度較高，因此要選用不鏽鋼材質。另外，若使用PVC材質的冷水管，冷、熱水管交疊處可能會因熱度損壞，因此外面一定要包覆保溫材隔離或是安排管線時拉開距離，才不會發生爆管的情形。

⊕ 水管材質

管材		材質選用
冷水管	PVC 管 不鏽鋼管	1 生鐵管：早期常用的材質，管材交接處會有鏽蝕的問題現在已不使用 2 PVC 管：為塑料材質，是常用材質之一。唯要注意與熱水管交接處區做好隔離 3 不鏽鋼管、不鏽鋼壓接管：兩種皆為不鏽鋼材質，只是接管的方式不同
熱水管	不鏽鋼管 外覆保溫材的 不鏽鋼管 不鏽鋼管	1 銅管：早期常用的材質，會有鏽蝕問題和銅綠問題 2 不鏽鋼管、不鏽鋼壓接管：兩種皆為不鏽鋼材質，只是接管的方式不同。目前還有外覆保溫材的不鏽鋼管，有效維持一定的水溫，確保良好的用水品質
排水管		PVC 管：多使用1吋半、2 吋管徑；有灰管和橘管之分，橘管較耐酸鹼
汙水用糞管		PVC 管：有橘管和灰管之分，橘管較耐酸鹼，多用3 吋半、4 吋管徑

Better to do 2　注意接管是否確實

　　在接管時，會因應不同材質而有不同的相接方式，在監工時要特別注意是否確實接對。

材質	PVC 管	不鏽鋼壓接管

監工注意	套管相接。注意管線是否有確實套入	以機器壓接。相接處會出現壓接痕跡，可依此判斷管線是否有確實銜接

Better to do 3　室內增設總水閥，日後維修更方便

　　室內建議可增加總水閥，日後若水管有問題，在室內就可控制水管開關，不需要再到頂樓水塔處關閉。若是透天厝的建築，每層各增設一個，發生問題就能一層層檢查，維修可以更簡便。

當層增設水閥，縮短維修距離。

⊕

監工重點

檢查時機

水電未退場前檢查管線配置

☐ 1 冷水管可用PVC管或不鏽鋼管，但熱水管務必要用不鏽鋼管，才不會有熱塑融化的問題。

☐ 2 冷、熱水管保持一定距離。

☐ 3 若冷熱水管必須交疊，管線之間要用保溫材隔離。

Chapter 4

水泥砂比例一不對，
膨共、漏水修不完
泥作工程

泥作屬於基礎工程的部分，施作涵蓋的範圍非常廣，舉凡和水泥有關的工作都屬於泥作工程的範疇，主要工作包括砌牆、門窗框填縫、粗胚打底、粉光、貼磚、防水等。由於水泥與水拌合後會產生化學變化，進行水化後產生強度，因此泥作工程最重要的步驟就在水泥與砂的比例調配。

一般來說基底完成後的粗胚打底水泥：砂比例為 1：3，修飾表面的粉光比例為 1：2，若比例不對，會造成牆面或地板的強度不夠，或與面材無法有良好的接著，施作時必須小心謹慎。

01 砌牆趕進度，牆面歪斜又漏水

Q₁

我踩雷了嗎？

磚牆沒砌準，房間變歪斜！

貼地磚時，發現牆面和地磚之間的間距越變越大，貼到後來離牆面竟然有3cm，師傅說是牆面砌歪了，房間變得不方正。是哪個環節出錯了？這要怎麼補救才好？

A

主任解惑：

放樣沒抓對尺寸，才會把牆砌歪！

　　當平面圖的格局要拉到實際工地放大施作時，要特別注意一開始的放樣是否精準，一旦沒算對尺寸或畫線不直，就有可能發生砌歪的情形。一般來說，會以雷射水平儀定位牆面的位置，算出尺寸後在地面彈線確認。

　　一旦發生牆面砌歪的狀況，會導致地面的尺寸和圖面會有些許誤差，因此在鋪設地面材質之前，建議重新測量一次，讓工班可預先調整。

若要鋪地磚或大理石時，可透過加大留縫間距和切割石材的方式，補齊差距。若是木地板時，也能透過收邊條修飾隱藏。

這樣砌磚不出錯

Step 1　放樣

　　在砌紅磚牆之前，先按照施工圖畫線放樣。運用雷射水平儀抓出垂直、水平線

Step 2　拉垂直水平線

　　用棉繩拉水平及垂直線，作為砌牆時的基準依據。砌牆的區域注意要先進行素地整理，一定要是基底層，再開始砌磚。

棉線拉出牆面垂直和水平線，才能精準定位牆面，不砌歪。

監工重點

檢查時機

放樣後，砌磚前確認尺寸

☐ 1 注意是否有用雷射水平儀放樣。

☐ 2 彈線完後確認放樣尺寸。

☐ 3 地面要先整理好再砌磚。砌磚時要隨時以雷射水平儀確認牆面水平垂直度，發現不平直時須拆除重做。

Q₂ 砌紅磚時留縫隙，這是偷工減料嗎？

裝修工程有點趕進度，泥作師傅砌紅磚牆時水泥似乎沒填實，這樣施工品質可以嗎？會不會影響牆面結構？

A 主任解惑：

這種作法是正常的，留一點縫隙讓磚牆可以更有接合力

泥作師傅在砌紅磚時，沒有填實磚與磚之間的水泥砂漿，甚至看起來好像是沒有均勻就疊磚上去。事實上這樣的作法讓磚牆砌完後，在磚牆表面上

當進行粗胚打底完後，水泥砂漿和磚牆之間會因為水化作用而逐漸緊密結合，後續施作才不會發生龜裂現象。

進行粗胚打底的程序時，能使水泥砂漿滲入磚與磚的縫隙中，水泥砂漿與磚牆交互結合產生更強的接合力，牆面會更穩固。但磚與磚之間的留縫也不能太大，以免影響牆面強度。

這樣砌牆不出錯

Step 1　砌磚前，要先將紅磚淋水浸濕

　　紅磚要充分吸飽水，最好要達到外乾內飽的狀況，才能在疊磚時避免吸走水泥砂漿的水分，影響水化而降低牆面強度。

紅磚吸飽水，才不會影響牆面強度。

Step 2　砌磚高度一次不超過1.2～1.5m

　　砌磚高度每日以不超過1.2～1.5m，等水泥砂漿乾後再繼續施作，以確保牆體的穩定性。通常會分2次完成，但如果施工範圍不大，當天就可砌完。可以在水泥砂漿內加入海菜粉增加黏性及乾燥速度。

置頂高牆建議分2次砌完，確保牆體更穩固。

Step 3　以正確比例的水泥砂漿進行粗底和粉光

　　磚牆砌完後先噴水，再粗胚打底。粗胚水泥砂漿的調配比例為水泥1：砂3，2～3天後再以水泥1：砂2的比例做粉光細修表面。這兩種的水泥砂漿比例不同，要注意比例必須正確，才能起好的水化作用。如果牆面要貼磚，可省略粉光的步驟，粗胚打底後就可以接續貼磁磚工程。

⊕ **牆面鋪磚的工序**　　　　⊕ **牆面油漆的工序**

| 砌磚牆 | 粗底 | 貼磁磚 | | 砌磚牆 | 粗底 | 粉光 | 油漆 |

進行粗底。

若牆面要上漆，粗底後要加上粉光的步驟。

📋 主任的魔鬼細節

Better to do | **新舊牆交接需特別注意接合，以免產生裂縫甚至倒塌**

　　在砌新牆時，常常會遇到與牆面交接的狀況，必須讓新舊牆之間產生抓力。一旦沒有做好接合，地震過後就可能會在新舊牆交接處發現裂痕，如遇強級地震就可能會發生倒塌的危機。

1 磚牆與磚牆，用交丁交錯

　　新磚牆和舊磚牆之間接合時，可用交丁處理。也就是兩面牆的接合處不要平整，如卡榫般接合交錯，藉由互相交接加強彼此抓力，增加牆面結構強度。

新舊牆之間要交錯接合。

2 磚牆與RC牆，用自攻螺絲或鋼筋加強抓力

　　RC牆本身較為堅硬，因此運用植筋或打入自攻螺絲的方式，讓新舊牆之間產生接點，透過水泥砂漿凝固，而使牆面之間互有抓力。

當磚牆與 RC 面相接時，可植筋或自攻螺絲產生接合。

⊕

監工重點

檢查時機

砌磚牆時檢查

☐ 1 檢查水泥製造日期、砂的品質。

☐ 2 砌作前紅磚要充分浸水，需達到外乾內飽的狀況。

☐ 3 粗胚層及粉光層的水泥與砂調配比例要正確。

Q₃ 紅磚澆水沒先做防水，樓下天花下小雨！

進行砌磚的工程時，樓下鄰居抗議說天花板發生漏水，但明明沒用水怎麼會出問題？

主任解惑：

A 砌磚前地面要先做好防水，以防水滲漏到樓下

在砌磚的工序中，有一個步驟是需要先幫紅磚澆水，這時就會用到水。因此事前需規劃好放磚的位置，紅磚下方要加上防水布或夾板，再謹慎一點可先在放磚的區域塗上防水層。在澆水的時候多一層防護才不會有問題發生。

雖然紅磚吸水的速度很快，但滲水的狀況還是很難預防，事前必須做好防水準備才能萬無一失。

這樣防水不出錯

Step 1　留出放磚的區域

　　規劃紅磚的放置區域，若磚牆施作的面積較多時，相對需要更大的區域。另外，一般來說會尋找方便用水和作業動線較短的區域。若局部原有地磚未拆除，也可直接放在地磚上，比放在素地來得多一層防護。

Step 2　先塗上防水層再放磚

　　地面鋪設防水布或夾板，再放置紅磚。若地面有拆除磁磚，露出基底層，則可塗上防水塗料後再加上防水布或夾板，加強防水。

紅磚下方記得多一層防護，或是直接放在原有地磚上，避免滲水到樓下。

監工重點

檢查時機

砌磚牆時檢查

___

☐ 1 擺放紅磚的區域要先做好防水。

☐ 2 留出適當位置擺放紅磚，選擇動線方便拿取的區域。

02　浴室防水沒做好，積水壁癌一起來

我踩雷了嗎？

Q₄ 防水只做一半，鄰房出壁癌！

　　泥作師傅在做淋浴間牆面防水時只塗半高，跟我說上面不會噴到水，貼上磁磚就可以防水，結果過了一年，鄰房就發現油漆脫落有壁癌，是被呼嚨了嗎？

主任解惑：

A 防水建議做完善，最好塗到超過天花板才有效！

　　衛浴淋浴間洗澡使用淋浴花灑時，很難控制水噴灑淋濕的範圍，而且熱水的水蒸氣會向上竄昇，上方牆壁也會因此受潮，因此建議淋浴間牆面可以擴大防水範圍，從地板塗到天花板之上。例如加上天花板後高度為2米1，防水層可以向上塗到2米2左右，超過天花板的高度較好。另外，磁磚雖然是防水材質，但難免因地震產生裂痕，而且磁磚背面益膠泥未必會全面塗滿，水就很容易從這些裂痕、溝縫滲入，然後產生壁癌。

　　先做好壁面後，再做地面防水。不要小看水氣的滲透力，因為毛細孔虹吸現象的關係，衛浴的浴缸區和淋浴區建議都要將防水層拉高，以防萬一。

這樣防水不出錯

Step 1　粗胚打底後，塗上稀釋過的彈性水泥

粗胚打底後，塗上第一層防水，使用稀釋過的彈性水泥，這是因為彈泥本身較稠密，稀釋過後才能有效滲進牆內，封住水路。

Step 2　塗上2層彈性水泥較保險

等第一層乾燥後再塗第二次的彈性水泥，建議施作2層防水效果較好。

Step 3　容易積水的陰角以不織布加強

做完壁面防水後，接著施做地面，重複Step1和2的工序。要注意的是，淋浴間接觸水的機會高，牆面除了塗彈泥防水之外，在容易積水的陰角位置可以再放上不織布（玻璃纖維）加強角落防水效果。

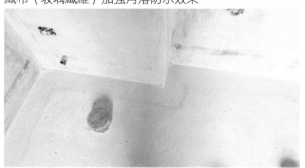

淋浴區容易積水，角落處加上不織布能加強彈性水泥的強度，讓裂痕不容易發生，就能避免水從裂痕處滲入。

監工重點

檢查時機

浴室打完粗底後施作

☐ 1 防水層要滿塗牆面，甚至高出天花板。

☐ 2 防水層至少要確實塗2道。每次塗防水層要等前次乾躁後，再塗下一層。

☐ 3 先做完壁面後，再做地面防水。淋浴區的地面四角建議加上不織布。

💬 名詞小百科

彈泥：彈泥是彈性水泥的簡稱，是一種以高分子共聚合乳化劑與水泥系骨材混合而成的水泥材料，有極佳的耐候性、耐水性還有優越的彈性，施作完成後會形成防水保護層，能夠有相當程度的阻水功效。

Q5 洩水坡度沒做好，浴室積水向外流！

每次清洗浴室地板，角落總是會積一灘水，還要用地板刷掃向排水孔，不僅如此衛浴門口外面的木地板也黑掉了，是因為積水造成的嗎？好崩潰！

主任解惑：

A 門檻和地面都沒做好洩水坡度，重新施作才能治本

現在大部分的浴室都有乾濕分離的設計，相較於淋浴間及浴缸的濕區，乾區雖然接觸水的機會比較小，但使用洗臉盆或者沖洗地板時仍需要注意到排水，而浴室地板積水常見的原因就是洩水坡度沒做好，導致水積聚在凹處。因此在施作浴室地板時，以排水口處為最低點，請泥作師傅抓好洩水坡度導引水流。另外，越靠近門檻時，地面必須順勢向上高起，不能做成水平，以免水流流向門口，波及浴室外的空間。

除了可做洩水坡之外，更細緻的作法可於牆面邊緣塗水泥砂漿時，角度可以往上翹一點再順下來，使角落較不容易存水。

這樣做洩水不出錯

Step 1 　地面製作洩水坡

以地面排水孔為最低點，在結構底層用加入稀釋彈泥的混凝土做出洩水坡度以導引水流，傾斜坡度從最邊緣四面八方流到落水頭。要注意的是，乾濕兩區，若有兩個排水孔，必須分別施作兩區的洩水坡度。

Step 2 　拉出門檻高度，以防水淹過門口

當地面的混凝土施作到衛浴門口時，必須注意需向上拉起，做出門檻高度，宛如堤防般有效堵水。同樣的，為了避免淋浴區的水流到馬桶、洗手檯等乾區，也需在濕區邊緣拉高。

淋浴區

乾區

施作地面的混凝土時，越往門口處，斜度相對要拉高。

在乾濕兩區的分界處拉出斜度，盡量讓水不流入乾區。

Step 3 　環繞排水孔，四周以水平尺測試洩水坡

等粗胚打底完全乾燥後，放置水平儀看傾斜方向。檢測時，從門口和四周牆面開始，沿排水孔四周放射狀都測試，確認四面八方都有做到洩水坡度。或者是可以試水，看水是否往地面排水口方向流。

要注意的是，務必在粗胚打底後就先測好洩水坡度，上了防水層後要重新施作洩水坡度，就需重新施作防水層了。

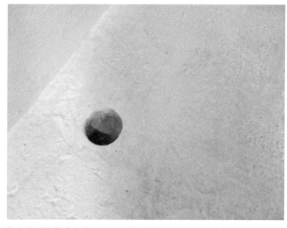
防水塗料除了塗在排水口外四周，最好一路塗進管壁內側，避免水流進入管線周圍地面。

Step 4 　塗上2層防水

地板塗上彈泥施作防水層，而管線周圍也要記得塗防水材，衛浴角落處並鋪設不織布加強。為了加強防水，要塗上2層防水。

建議必須從四周牆面開始，環繞排水孔測試。

Step 5　鋪設地磚、做落水頭

　　確認浴室防水沒問題後，以軟底濕式工法貼覆地磚。貼地磚時要注意朝向著落水頭的方向傾斜，越大片的磁磚越容易不平，小尺寸磁磚較容易抓洩水坡度，也不容易積水。最後再安裝集水槽或落水頭，排水孔周圍的磁磚用水泥砂漿填縫，防止水滲入。

裝設落水頭，再用水泥砂漿填縫強化防水。

監工重點

檢查時機

粗胚打底施作完成後，待完全乾後檢查洩水坡度

☐ 1　粗胚打底乾後放水平儀檢查洩水坡。

☐ 2　注意排水孔周圍是否有塗防水材。

☐ 3　地磚鋪設時，洩坡度水要朝向排水孔。

門檻不漏水的施工方式

Column

衛浴門檻向來是施作的一大重點，往往在這裡最容易發生漏水，除了要做好洩水坡度之外，也要注意與門檻交接的地面材質高度，以免水淹過門檻。另外，木作門框下緣也會與門檻相接，一旦有滲水情形，門框下緣通常也會損壞，因此必須事前做好防護對策。

Point1 ▶ 衛浴門口需加做水泥墩，避免水流入室內

衛浴空間最怕水向外流，因此在施作時，門口處需加做水泥墩，有如堤防般堵水，而因應浴室外相接的地板材質不同，防水做法有不同的加強。

⊕ 鋪設拋光石英磚、大理石地板的情況

浴室外鋪設拋光石英磚和大理石時，需施作水泥墩，若鋪設磁磚，則門口處些微拉高水泥砂漿即可。

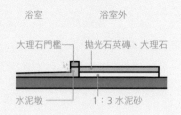

⊕ 鋪設磁磚的情況

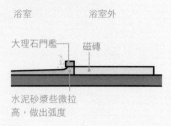

⊕ 鋪設木地板的情況

浴室外鋪設木地板時，建議鋪設ㄇ字型的門檻，可有效斷絕水泥墩和木地板的接觸，避免水氣經由水泥墩散至外部。

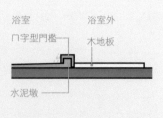

ㄇ字型門檻有效斷絕水氣，避免擴散至地板。

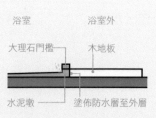

無ㄇ字型門檻，則木地板和水泥墩的相接面要塗上防水層。

截短門框下緣，不碰到浴室地面，再以矽利康填縫。

Point2 ▶ 門框下緣建議不碰到浴室地面

當衛浴門框採用木作時，門框下緣會與門檻接觸。往往一旦發生漏水的情形，水會經由毛細孔的虹吸作用，滲透到木門框中導致腐爛或損壞。因此在施作時，建議稍微截短門框下緣，再以矽利康填縫。

鋸斷門框下方，塞新門檻。

Point3 ▶ 滲水的木作門框修復對策

若門框發生損壞和腐爛的情況，更換時勢必需經過拆除、泥作的修補，花費相對較高。若想要稍微節省經費，輕微的損壞情況下，可鋸斷下方門框後，再塞入新門檻來斷水路。

03　鋪磚沒做萬全規劃，危險又不美觀

我踩雷了嗎？

Q6　明明是剛鋪的新磚，怎麼沒多久就膨共？！

　　客廳拋光石英磚才鋪半年多，竟然就「膨共」了5、6塊，為什麼會這樣？要怎麼修復處理才好？

⊕
膨共磁磚的修復對策

輕微膨共，打針補滿

解決▼

膨共面積不大，可不用拆除地磚，從縫隙處打針，補滿磁磚內部空洞。

嚴重膨共，打掉重來

解決▼

膨共面積大，四周的磁磚內部都有空心，建議全部拆除重鋪最安心。

主任解惑：

A 可能是水泥砂比例不對、漏水造成的，要拆除重鋪才行

　　造成磁磚地板「膨共」有很多原因，包括水泥砂漿比例不對使水泥水化不完全、水管漏水滲入磁磚、天氣因素（冷熱變化太大）、地震等等，在修補地磚前要先針對「膨共」問題處理，如果是漏水造成的，一定要先解決漏水問題，否則之後其他區域都有「膨共」的可能。打底的水泥、砂、水調合的比例很重要，要調合正確才能有效黏牢磁磚，若鑿開地面發現是水泥砂比例不對造成的話，就要拆除全部地磚，重新打底施作才能一勞永逸。一般鋪設磁磚工法分為硬底施工、軟底施工，鋪設拋光石英磚用半濕式軟底，較容易抓好每片磁磚的平整度。

在施工時，可確認水泥和砂的調配比例是否正確以及是否攪拌均勻，並在鋪好磚的同時敲打磚面，確認有無空心。

拆除磁磚，打到見底。

鋪上水泥砂重貼。

這樣鋪拋光石英磚才對

Step 1　調配1：3的水泥砂，打底鏝平

水泥和砂的比例要正確精準，為水泥1：砂3，且須拌勻才能有效貼牢。素地整理後上土膏水，鋪上水泥砂，再以刮尺打底抹平，通常打底厚度約為3～5cm左右。

Step 2　撒上土膏水，地面貼磚

水泥砂鋪好後要再上一層土膏水，鋪上拋光石英磚。貼上後使用橡皮槌敲打，用意在於讓磁磚能與底部的水泥砂更密實，同時也可調整地面高度。注意貼磚時要留伸縮縫，以便留下日後熱漲冷縮的空間。

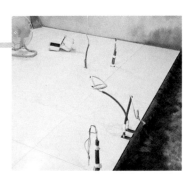
貼磚時注意要留伸縮縫。

Step 3　過24小時後填縫

由於剛鋪好時，水泥砂漿中仍有水分，必須先等水氣散發後，再進行填縫，建議至少需24小時。否則出不來的水氣會轉而滲入磁磚內部，造成磁磚表面霧化或白華的現象。目前常見的填縫劑有水泥、樹脂等種類，有些直接攪拌均勻即可使用，有些則需加水調和，無論選擇哪一種材質，都應先確定填縫劑的色調再施工，否則日後修改會很困難。填縫時將填縫劑以橡皮抹刀填滿磁磚縫隙，抹縫完成後再用海綿沾水把磁磚表面清潔乾淨。

等待一天後水氣散逸，再進行填縫。

主任的魔鬼細節

Better to do 1　水泥砂要拌勻，避免膨共

　　半濕式軟底施工的水泥砂通常容易發生攪拌不均勻的情況，一旦水泥砂沒有拌勻，磁磚膨共的機率就會比較高。磁磚貼好後，建議至少要隔24小時再進行填縫，讓水泥裡的水氣散發出來，但如果可以，能間隔48小時最好。

Better to do 2　注意水泥和砂的品質

　　要注意砂的品質，確認檢查砂是否乾淨。另外，水泥放久了會吸收水氣，建議最好選製造日期三個月內的。

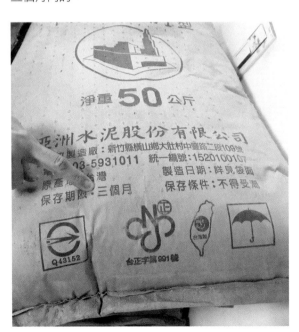

⊕

監工重點

檢查時機

鋪磚前檢查材料，鋪磚後敲磚確認

☐ 1 確認水泥製造日期、砂的品質好壞。

☐ 2 打底水泥砂比例要正確。

☐ 3 表面有無高低落差或是水平沒抓好。

我踩雷了嗎？

Q₇ 磁磚局部重貼，結果全貼歪！

浴室拆除浴缸後，下半面磁磚全拆除，結果泥作師傅説，因為沒有說要對縫，加上有部分牆面沒拆，師傅就從順手的方向開始貼磚，結果磁磚完全沒有對線，浴室變得很醜，真的欲哭無淚。

主任解惑：

A 磁磚重貼無法完全對縫，用設計轉移焦點

通常室內做局部裝修，尤其是浴室很常遇到新舊磁磚接縫對不齊的問題，除非使用同一廠牌同款磁磚，否則通常磁磚尺寸多少都會有誤差，例如同樣是30×30cm的磁磚，A廠牌和B廠牌可能就有0.2cm的差距，即使差距很小，也會導致貼到最後誤差就愈大。最好的方法就是改變磁磚的貼法，乾脆利用設計手法解決，與原本磁磚完全不要對縫。

要注意的是，即便是衛浴全部重新整修的情況，也要注意事前規劃磁磚的鋪排。若是沒有計算好磁磚的位置和尺寸，也有可能會發生對縫不齊的問題。

這樣修復不出錯

Step 1　拆除舊磁磚，打底防水

　　整修舊牆時，先拆除舊磁磚，再貼新磁磚。再以1：3 的水泥、乾砂的比例調和，進行粗胚打底整平地面及牆面，並施作防水層。注意衛浴地面一定要做洩水坡度。

一旦拆除磁磚，原有的防水層會失效，必須重做打底和防水。

Step 2　擬定磁磚鋪排計劃，加上腰帶或菱形貼法轉移對縫問題

　　貼新磁磚前先放樣，依據選擇的磁磚尺寸、樣式設計磁磚鋪排計畫，可以加上腰帶設計或者菱形貼法，讓牆面一分為二，讓視覺富有變化，還能避開與舊磁磚的對縫問題。

貼上腰帶，錯開對縫的情形。

主任的魔鬼細節

Better to do 1　衛浴壁面磁磚建議盡量不用饅頭貼法

　　貼浴室壁磚的方式，早期有使用饅頭貼法，這是用水泥沙漿抹成一坨坨貼在壁磚背側，再貼覆至壁面。這樣的方式會讓磁磚和壁面之間留有空隙，水氣往往就會留在這些空隙中，導致牆的另一面發生壁癌的問題。因此建議以益膠泥刮成條紋狀再貼覆較佳。

饅頭貼法會留出空隙，導致水氣滲入。

Better to do 2　衛浴地磚較不建議以益膠泥貼覆，否則底部會存水

　　浴室貼壁磚和地磚工法不同，貼壁磚時會使用益膠泥作為黏著劑，由於益膠泥是有添加有樹脂成分的磁磚黏著劑，有不錯的防滲水、抗裂作用。但地磚部分就不建議使用益膠泥了，因為地面較容易接觸到水，一旦磁磚有裂縫水分滲入，益膠泥會造成存水的情況，可能就會產生漏水問題。

監工重點

檢查時機

貼覆牆面和地面磁磚時檢查

☐ 1 選定磁磚後應有磁磚計畫。

☐ 2 貼磁磚前要依設計圖確實放樣。

☐ 3 馬賽克磚預先排列，避免尺寸太小不容易切割對齊。

衛浴地面架高的常見謬誤施工

當衛浴馬桶移位時，除了拉管線之外，地面也須額外架高，而架高地面使用的材質就要特別注意，要是沒做好，有可能讓地面內部產生縫隙，最後產生漏水問題。

Column

可看到架高地板的內部是以舊磚廢料堆砌而成，與管線之間易生縫隙。

Point1 ▶ 避免使用拆除過不規則的舊磚，易生縫隙

架高衛浴地板時，有時會看到師傅為了省事，直接拿拆除的舊磚堆疊出高度，再以水泥沙漿水化硬固，磚頭與水泥沙漿之間多半無法完全密合。一旦發生地震，就容易與管線拉扯而產生縫隙。因此一般來說，多使用碎石和水泥沙漿混合施作，如同施作RC混凝土一樣，經過攪拌使之結構密實，減少縫隙的產生。

Point2 ▶ 架高地面需蓋過糞管路徑

地面施作的高度必須要注意高過糞管路徑，糞管出口再切齊，這樣才能有效確保管線不滲水的問題。

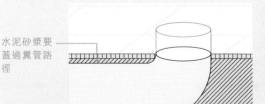

水泥砂漿要蓋過糞管路徑

Chapter 5

水平、水路沒做好，
門窗滲水又歪斜
鋁窗工程

門窗是阻擋外面風雨的重要界面之一，需能承受風壓、阻絕水路、隔離噪音，因此施工時需特別注重防水氣密和結構強度。以鋁窗工程來説，主要有兩種安裝方式——濕式施工法和乾式施工法。濕式施工法會使用到水泥砂漿固定窗框，整體結構穩定，施工期間較長，防水、氣密及隔音效果較好。而乾式施工法是直接將新窗框包覆在舊外窗框上，施工時間較快，對居住者而言較為簡便。

無論是濕式或乾式施工，重要的是安裝時都要確認外框的水平垂直，一旦歪斜，內框也會跟著傾斜，而影響窗體的氣密、水密性和隔音等效果。另外，也要注意窗框與牆面、新窗與舊窗之間的間隙需填補確實，避免縫隙造成滲水問題。

01 安裝不仔細，窗戶滲風又漏水

Q1 剛裝新窗沒多久，窗戶就推不動！

Q2 水路沒塞好，日後滲水不斷？！

Q3 舊窗不拆套新窗，所有窗戶都可做嗎？

Q4 沒做好保護，落地窗壓壞又重裝

01 安裝不仔細，窗戶滲風又漏水

我踩雷了嗎？

Q₁ 剛裝新窗沒多久，窗戶就推不動！

才剛換新窗沒三個月，就發現開關窗戶較難推動，為什麼會這樣？要如何挽救？

主任解惑：

A 可能是窗框變形，窗戶無法水平開關

　　開關窗戶推不動，主因大多是窗框變形。窗戶歪斜的原因有很多，可能是在一開始安裝窗框時，水平沒有拉好不夠準確，外框一歪斜，內框窗扇自然無法完全密合。另外，安裝窗框時，固定螺絲的位置距離不均等，使得窗框受力分配不均，或是窗框底板較薄，承受四周水泥的重壓後變形，造成歪斜情況。除了人為因素外，也要注意地震會造成牆面產生拉扯擠壓至裂縫或推擠變形，讓窗扇無法順利推拉或開合。

如果歪斜之後，牆面和窗戶之間沒有縫隙產生，表示結構是穩固的，無需打掉重來，只要套上新窗，重新拉水平即可。

這樣施工不出錯

Step 1　立窗框，以雷射水平儀確認是否垂直水平

安裝前，先至現場丈量窗扇尺寸以便下料。立窗框時要以雷射水平儀確認外框水平、垂直和進出線，並加上不鏽鋼的水平調整器，使窗體維持水平，避免歪斜。

用雷射水平儀或水平尺確認框體的垂直、水平和進出深度。

置入不鏽鋼的水平調整器，保持窗體的水平。

Step 2　打入不鏽鋼鋼釘固定窗框，鋼釘的間距要均等

窗框打入鋼釘至結構體，使外框固定。要注意的是，鋼釘的間距需均等配置，避開受力不均的問題。另外，鋼釘最好選用不鏽鋼材質，以防生鏽後與水泥沙漿產生縫隙導致漏水。

窗框拉好水平後，以不鏽鋼鋼釘固定。

監工重點

檢查時機

立框完成後，還未塞上水泥沙漿之前

☐ 1 立框後以水平尺確認窗框的垂直、水平。

☐ 2 確認窗框是否有固定確實，注意鋼釘的間距。

☐ 3 固定用的釘子以不鏽鋼鋼材質較佳。

01 安裝不仔細，窗戶滲風又漏水

Q₂ 我踩雷了嗎？

水路沒塞好，日後滲水不斷？！

裝了新窗沒多久，就發現窗邊有水滲進來，仔細檢查發現窗框上緣的水泥似乎沒補滿，造成滲水漏洞！

A 主任解惑：

可能是水路沒確實填滿，以及溝槽不夠深，矽利康才會脫落

塞水路的動作是在窗框和牆面之間的縫隙灌注水泥砂漿固定，打入水泥砂漿後等完全乾燥，在窗框與水泥的接合處填上矽利康加強防水。由於打入水泥時，需等待一段時間下沉，如果趕工一下子打太快，水泥還來不及下沉又再打第二次，就會有可能產生縫隙。另外，若水泥砂漿打太多，乾硬後膨脹，會擠壓到窗框而變歪斜。因此塞水路若沒做好，就有可能發生窗戶漏水情形。

另外，要注意的是，要事先講好由鋁窗或泥作工班施作塞水路，否則鋁窗師傅裝完就走，而泥作師傅也會以為是鋁窗工程會做。

若想要解決滲水問題，必須重新補實水路。敲除窗框邊緣的部分水泥區塊，打入水泥砂漿填滿，接著再補上矽利康。

這樣施工不出錯

Step 1　塞水路前清除雜物，避免日後滲水

　　有些師傅在立窗時會利用木塊作為外框的墊料，方便暫時固定外框維持水平。但全面塞水路前務必要先清除木塊，以免日後腐爛後內部形成空洞造成漏水。另外，目前安裝外框還有使用不鏽鋼水平調整器取代木塊，既能維持水平，又無須拿出，包覆在水泥砂漿裡也不會生鏽，相當方便。

立框時會以木頭作為墊料，以維持窗體不移動，全面塞水路前要記得清除木塊，避免日後在內部腐爛。

Step 2　調和水泥砂漿後塞水路，需施打確實

　　沿著窗框側邊與結構體的縫隙打入水泥砂漿，由於水泥砂漿為流體，過一陣子下沉後再持續打入，必須確實填補縫隙。由於需等水泥沙漿下沉的時間，不可貪快趕工，否則水泥未完全下沉就離開，打得不夠密實會造成縫隙，水就容易滲透進來。

從窗框四角開始注入水泥沙漿。

Step 3　等待水泥養護，填補矽利康防水

窗框填完水泥砂漿後，外框和結構體之間須留約1cm深度的溝槽，讓矽利康可以填入，才能與外框緊密結合，否則溝槽太淺，矽利康容易脫落。

等待水泥乾燥，使水氣散逸後，再塗防水塗料做出防水層。

塞完水路後，要刮出 1cm 深的溝槽，後續要打矽利康才打得進去不脫落。

Step 4　填入矽利康，加強防水

防水層乾燥後，窗戶四周打入矽利康。建議在窗戶下緣的矽利康順著窗台斜度拉斜做出洩水，避免雨水停留。

在窗戶四周打入矽利康，加強防水。

主任的魔鬼細節

 監工重點

Better to do　測量新窗尺寸時，窗戶與窗洞結構之間的距離需預留1cm用來塞水路

　　當拆除窗戶後，鋁窗師傅來測量新窗尺寸時，必須注意窗戶與窗洞之間，四邊最好都留出1cm的距離，這樣塞水路時，才有足夠的空間好施作。另外，若有並排的窗戶，為了要讓窗戶看起來整齊，不會一上一下的，在測量尺寸時，建議要讓每一扇窗戶上下的水平高度必須一致，窗戶才會整齊美觀。

有時拆除窗戶後，窗洞結構會不齊，因此測量尺寸時，不只會量兩邊，也會確認窗洞中央的垂直高度和水平尺度，抓出精準尺寸。

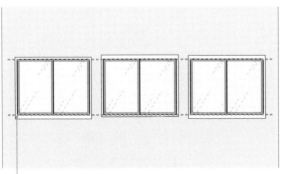

並排窗戶的開孔高度若不同，測量新窗尺寸時，就必須預先設想完成後的窗戶上下水平要拉到相同，尺寸就需計算精準。

檢查時機

泥作師傅在以水泥砂漿塞水路時，一邊施作時就要隨時確認是否填實

☐ 1 立框安裝完成後，要儘速塞水路確保水平。

☐ 2 立窗框後水泥砂漿循序注入確實填滿。

☐ 3 窗框四周最少要留1cm的縫隙，確實填入矽利康防水。

Q₃ 舊窗不拆套新窗，所有窗戶都可做嗎？

因為居住在鬧區的大馬路邊車輛往來相當吵，最近想換裝隔音窗，可是傳統的水泥安裝法施工價格高，有師傅建議直接包框的方法，這樣適合嗎？

A 主任解惑：

要先評估舊窗本身有無漏水問題，若無才可套窗施作

若想不大動工程更換窗戶的情況下，要先評估本身窗戶的條件。若雨天會從窗戶滲水，要注意漏水源頭是在牆面和窗戶之間的縫隙，即便套窗，縫隙仍然沒解決，因此像這樣的情況就必須要拆除窗戶重裝。若是窗戶與牆面的結構是緊密的，是窗戶本身條件不佳，像是矽利康脫落、窗戶老舊的情況下，才能施作套窗。

一旦施作套窗，四周窗框的鋁料厚度會加寬，玻璃的面積相對會減少，也變相減少看出去的風景，在施作前要特別告知屋主。

這樣施工不出錯

Step 1　安裝新框，調整水平

以水平尺或雷射水平儀調整水平，並將新窗框包覆在舊框外。

Step 2　嵌入玻璃，打矽利康，填補溝槽縫隙

將玻璃套入玻璃溝槽內，再進行窗框內框結合。在內框內外的玻璃溝槽打入矽利康填補縫隙。要注意的是，若玻璃溝槽縫隙太小，矽利康會吃深不夠，事後容易脫落、走風，甚至會產生熱橋效應。

嵌入玻璃後，在玻璃溝槽打上矽利康。

Step 3　調整五金

安裝完內框後，調整兩側輥輪使水平達到一致，否則開闔時會磨到軌道，也影響內外窗框的密合性。同時確認止風塊是否裝好，若止風塊沒調對位置，容易出現風切聲。

⊕
監工重點

檢查時機

進行套窗工程時

☐ 1 安裝新框時要注意垂直和水平是否準確。

☐ 2 嵌入玻璃後，注意矽利康是否有填補確實。

☐ 3 安裝完後，確認窗扇關閉時是否有風切聲，若有則要調整五金。

名詞小百科

熱橋效應： 當太陽在照射時，玻璃跟鋁框的間隙若是太小，打入的矽利康無法阻絕熱能，而像是橋樑一樣，將鋁框的溫度直接傳導到玻璃，室外溫度因而傳導進室內而升溫。

Q₄ 沒做好保護，落地窗壓壞又重裝

完工驗收時，發現重新裝好的落地窗關不起來，檢查後才發現下方底板有凹痕，仔細一問才知道可能是完工沒做好保護，機具進出壓壞了，結果又要重裝！

A 主任解惑：
若落地窗位於施工路徑的出入口，一定要特別加強底板的保護

由於施工期間的進出會十分頻繁，若施工路徑上有落地窗，不論是有無換新窗的情況，除了窗框四周的保護之外，要特別注意窗框底板需以厚材加強。否則人和機具進出時，都有可能會踩踏重壓，下方底板就容易損壞。

一旦外框壓壞，建議直接拆除重裝。

這樣施工不出錯

Step 1　落地窗外框拉好水平，以電焊固定

　　立框時要以雷射水平儀確認外框水平、垂直和進出線。由於落地窗面積較大，本身受風壓較強，為了加強窗體結構，建議要用電焊的方式連接固定片和外框，確保窗體不會位移。

Step 2　嵌縫、塞水路

　　沿著窗框立料與牆面之間的縫隙打入水泥砂漿，等待水泥乾燥後再填補矽利康。

Step 3　完工後，落地窗外框下緣加上保護蓋板

　　落地窗外框安裝完成後，若窗戶位於出入通道上，下方的鋁料要特別注意以保護蓋板蓋住之外，建議再覆上夾板作為斜坡進出，較能減輕施加在窗框的壓力。而四周的保護材也先不拆除，避免工程進行時傷到外框。

監工重點

檢查時機

無裝新窗，開工前要注意檢查保護措施。若有換新窗，則是窗戶完工後確認

☐ 1 落地窗本身較重，要特別檢查固定焊點（膨脹螺絲）的間距，建議需在30～45cm 為佳。若是窗框較寬，如12cm寬，建議一個固定片焊上兩個膨脹螺絲，較為安全。

☐ 2 落地窗外框裝完後，注意四周的保護紙先不拆，下方也要加上厚料保護，避免踩踏壓壞。

Chapter 6

空調位置一放錯，
開到低溫還是不涼
空調工程

全球氣候暖化，都市氣溫一年比一年高，冷氣空調已成為家家戶戶不可或缺的設備。現代冷氣的主流大部分為壁掛式和吊隱式冷氣機，壁掛式冷氣能直接安裝在牆壁上，維修保養方便；而吊隱式冷氣隱藏於天花板之中較不會破壞整體裝潢風格，但必須考慮到天花高度，施工和維修也相對複雜。

無論是哪種機型，冷氣若要發揮最大的效能，就要規劃良好的通風動線。因此機體安裝的位置就非常重要，因為空間坪數與周邊環境都會影響冷氣噸數選擇和安排，否則冷氣溫度調得再低也會覺得不冷，反而增加機體的負擔，浪費電也浪費錢。

01　裝修好漂亮，冷氣真的不想被看到

Q₁

我踩雷了嗎？

壁掛冷氣迴風設計錯誤，無法發揮冷房能力？

不想因為壁掛式冷氣破壞整體空間風格，想要把冷氣包起來，空調師傅卻說這樣冷氣不會冷，為什麼會這樣？

小心地雷！壁掛式冷氣外用出風口包住，一定會出事。

A

主任解惑：

壁掛冷氣要留出迴風空間，絕對不能用木作隔起來

　　由於目前壁掛式冷氣都是上迴風設計，目的是讓冷氣藉由上方的吸風口，來測量屋內溫度以持續調節氣溫，若是迴風空間不夠或者被擋住，造成冷氣上方的吸風口直接吸入下方送出去的冷空氣，導致冷空氣只在機器附近循環，無法實際測量到外圍的熱空氣，造成冷氣以為室內已經降溫，因此就不再送冷空氣出去，讓空間無法真正達到設定冷度。因此安裝時不但要留下方出風口，機器與天花板之間至少留10cm以上的上迴風空間，不要有任何東西阻擋，冷氣才能發揮該有的效能。

要注意的是，冷氣噸數愈大，迴風空間就要留得越多。

這樣安裝冷氣不出錯

Step 1　空調工班現場勘驗

評估空間狀況包括空間坪數，熱源多寡、開窗位置及日光照射等問題，再和設計師討論安排並預留冷氣安裝位置。

Step 2　安裝適當的機體位置

機體與天花板距離10cm以上，前方至少要留35cm以上的空間，不要有任何阻檔，讓四周有適當迴風空間。

監工重點

檢查時機

壁掛式室內機裝置於木工退場後，油漆工程快結束時進行。

☐ 1 注意與天花板留適當迴風的距離。

☐ 2 前方則須有35cm以上不被遮擋。

☐ 3 檢測時需拿圖仔細對照是否按照計劃進行。

Q2

我踩雷了嗎？

冷氣管線一大串，怎麼沒藏起來？

木作工程已經完成，安裝壁掛式空調時師傅將管線大刺刺放在外面，説是以後比較好維修，但感覺很醜，怎麼沒幫我藏起來？

A

主任解惑：

冷氣管線應該要事前規劃，藏進牆內才好看！

　　若是全屋重新裝潢的情況下，應該在最開始規劃就要確認冷氣位置和管線的走位，才能事先將管線藏起來。除非是工程進行到尾端，空調才確定好，才會有走明管的情形。若要重新隱藏，就必須多花一筆拆除費用，也會延誤工期。建議一開始就要確認空調工程的安裝。另外，若是考慮到日後安裝方便，管線不想外露，也可以先預留管線及室內機的位置，這樣要裝設冷氣時就能少掉一筆打牆的費用，也較美觀。

若是局部重裝冷氣的情形，想要隱藏管線，可能就要考慮拆除的選項，但室外機往往都離室內機較遠，管線距離相對較長，建議還是走明管最省力。

這樣安裝冷氣不出錯

Step 1　擬定空調施工計畫

　　依照空調施工計畫預留適當空間放置室內與室外機器，而規劃時須考慮到日後維修的方便性。

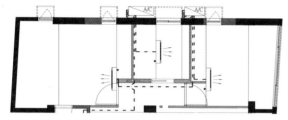

確認室內機的放置位置，以及管線的走位方式。

Step 2　木工、水電與空調一同協調施作

　　冷氣安裝需考慮如何藏住冷媒管與排水管，一般來說都藏進木作牆或天花中，因此會同時牽扯到木工、水電與空調三個工班，最好可以同時找來共同協調。

水電退場前，空調管線就要進場施作，並且一定要在木作之前先將管線安排完畢，才能有效隱藏管線。

監工重點

檢查時機

木工進場前，確認管線位置

□ 1 事前確認空調規劃圖，確認室內機和室外機位置。

□ 2 室內機安裝應盡量靠近室外機。

□ 3 空調要提早於木作前進場，才能有效隱藏管線。

Q₃ 裝了吊隱式冷氣，屋高不夠空間變好低？

看到朋友家裡裝吊隱式冷氣整齊又漂亮，聽說天花板夠高才能裝，又擔心清理維修問題，安裝吊隱式冷氣真的這麼麻煩嗎？

主任解惑：

A 建議原始屋高至少要 2 米 6 以上，才能避免空間過低的感受

　　吊隱式冷氣將機體隱藏在天花板裡，不像壁掛式冷氣會影響整體空間風格，但安裝時，除了室內室外機外，還需要配置集風箱和出風口，因此原始屋高至少高2米6才建議安裝。因為吊隱式冷氣風口是線形設計，施工時進出迴風口要注意位置。而正因吊隱式冷氣機體隱藏在天花板裡，維修難度相對較高，維修孔的設置格外重要，通常開在機器電腦板附近，開口尺寸依機器大小設置，最小要開1×2尺，以維修人員方便上去為主，建議定期找原廠保養維護。

安排排水管時，要注意洩水坡度的同時，也應盡量避免減少屋高高度。

這樣安裝冷氣不出錯

Step 1　安裝冷媒管和室內機

　　吊隱式空調的功率大，相對噪音也大，所以設計時一定要預留適當的空間放置機器，才能降低音量。何謂適當的空間？建議大約要留下比機器大1.3 倍的空間才足夠，如果預留的空間不足，再加上清潔不易，就會孳生塵蟎等細菌，讓家變成最易生病的空間。

四周留出 1.3 倍的空間給室內機。

⊕

監工重點

檢查時機

安裝管線後檢查

────────────

☐ 1 注意洩水坡度是否足夠。

☐ 2 出風與迴風位置是否順暢。

☐ 3 機器風口以養生膠紙或塑膠袋包覆保護，避免施工時的粉塵進入冷氣機。

Step 2　安裝風管

　　安排管線走位和配置出風口。有樑就會影響室內機擺放的位置，連帶讓管線繞樑進行，管線過樑必須得多出20cm的空間，將使天花板高度相對縮減，易容易產生壓迫感。

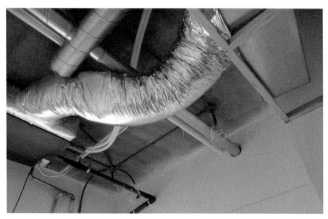

冷氣風管會過樑的話，不可擠壓。一旦擠壓的話，出風口的面積減少，導致出風不順。

02 冷氣溫度開再低，怎麼吹還是不會涼

我踩雷了嗎？

Q₄ 冷氣風口位置不對，開了還是不冷？

剛裝修完後一陣子，發現客廳冷氣只能吹到空間的一半，離冷氣較遠的區域就完全吹不到，找了師傅來看，才發現冷氣的風口位置不對，使得冷氣吹不出去，怎麼會裝錯位置？

主任解惑：

A 可能是出風和迴風位置太近，導致短循環，冷氣吹不遠

不論是吊隱式冷氣或壁掛式冷氣，想要有效率地讓空間變冷，最要特別注意的就是出風和迴風的問題。以吊隱式冷氣來說，出風口和迴風口本身可自由調換位置，在安排擺放的位置時，出風和迴風不能太近，以免冷氣吹出去，都還沒下降到空間中，馬上就被迴風吸走了。另外，若出風和迴風口是放在間接照明上，建議風口不能相對，要稍微錯開，採取對角線的位置，才能讓冷氣有足夠的時間在空間中循環。

迴風面積不足也會導致冷氣不冷。以壁掛式冷氣來說，迴風口位於機體上緣，因此迴風與天花之間需有**10cm**以上的距離才行。

風口位置錯誤示範

錯誤 1　壁掛式冷氣被間接照明或天花板包圍

有些屋主會希望將冷氣藏起來，會放在間接照明上或與天花板結合，這樣的設計要特別注意留出出風和迴風的位置。以壁掛式冷氣被天花板包圍為例，由於迴風口在冷氣上方，迴風口就被藏進去，使得吸不到風，就會降低冷房效率。

若迴風不足，冷排會結冰，導致冷房效率下降，時日一久機器可能會運轉不良。

錯誤 2　吊隱式冷氣的出風和迴風口太近，造成短循環的問題

吊隱式冷氣的出風和迴風口位置要注意距離，距離太近，會有短循環的問題，一出風就馬上被迴風吸走，空間根本不會涼。

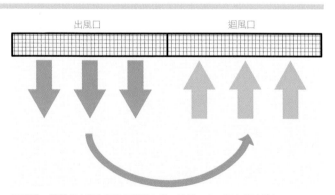

出風口　　　　　迴風口

短循環。吊隱式冷氣的出風和迴風太近，冷氣一出，馬上就被吸走。

這樣安裝冷氣不出錯

設計原則 1　吊隱式冷氣的出風和迴風保持一定距離

吊隱式冷氣的出風口和迴風口可以依照空間條件去調動位置，建議保持一定的距離，讓冷氣先下降到空間中，再迴風吸入。

出風口　　　　　迴風口

設計原則 2　空調安裝應考慮出風方向，不要直吹人

安裝時應考慮出風是否有向人吹，如臥室冷氣不直對床方向、書房不直對書桌方向、客餐廳不直接對沙發或餐桌。若考量到傢具擺放物、空間比例及實際冷房效果需求，可以在適當位置加上風扇，幫助冷氣傳導。

⊕ **客廳的冷氣位置**

在客餐廳出風，避開沙發和餐桌。

⊕ **臥房的冷氣位置**

在臥房出風，避開人與床鋪。

⊕

監工重點

檢查時機

規劃平面圖時，確認冷氣擺放位置

☐ 1 壁掛式冷氣安裝時，要先規劃好位置，不能離天花太近，至少要留10cm以上。

☐ 2 吊隱式冷氣的出風和迴風位置要錯開，並分開一定距離。

☐ 3 出風和迴風藏在間接照明時，要注意風口分別放在對角線的位置較佳。

選對冷氣噸數，冷氣才會涼

　　除了風口位置的問題，還要注意室內空間的日曬條件和冷氣噸數是否足夠，一旦房間有西曬或是噸數不足的情況，也會造成冷氣不冷的問題。

Column

Point1 ▶ **空間大小決定冷氣噸數**

冷氣吹不冷其中一個原因是冷氣噸數不足，決定冷氣噸數要評估空間大小、使用人數、熱源多寡、開窗位置、日光照射、是否有頂樓西曬等問題。基本上1噸可以供應3～4坪的空間。開放式空間要以整個開放區域坪數來計算，冷房能力才會足夠。若是冷氣標示1.3噸可供應4～6坪，而空間剛好是6坪，建議選擇1.5噸的冷氣，選擇最高標準的冷氣噸數再來調整溫度，以免冷氣供應不足。

Point2 ▶ **有日曬、頂樓等條件，噸數往上跳**

如果是住家在頂樓或是房間有西曬問題，要依照坪數，挑選高一級的噸數。比如說，8坪的客廳下午會有西曬進入，依照坪數來看應該選1.5噸的冷氣，但建議往上挑選一級，選擇1.8噸的冷氣較佳，避免日曬溫度過高，冷氣來不及降低室內溫度的問題。

⊕ 冷氣噸數與坪數的參考對照

以下的冷氣噸數和坪數對照為參考用。各家機體的冷房效果不一，建議參考各品牌說明為主。

冷氣能力	建議空間坪數
1 噸	3 ～ 4 坪
1.3 噸	4 ～ 6 坪
1.5 噸	6 ～ 8 坪
1.8 噸	7 ～ 9 坪
2.5 噸	11 ～ 13 坪
3 噸	13 ～ 16 坪

Q₅ 安裝冷氣管線沒抽真空，恐影響冷媒效率？

在網路上買了一台冷氣，但是經銷商安裝時居然沒有抽真空！後來請總公司派人來看，技術員說這樣機器的壽命會減短，真的很令人生氣！

A 主任解惑：

確實做好抽真空的動作，才能確保機器壽命

「抽真空」是分離式冷氣安裝完室外機後，填充冷煤前不可缺少的重要工序，因為空氣中的一些氣體不能溶解到冷煤裡面，如果沒有抽真空或是做得不確實，會讓冷媒裡混有空氣。當壓縮機打進銅管，冷煤就會不均勻，影響冷氣運作的效果，使室內溫度無法降溫，可能壓縮機壽命就會減短。

抽真空的目的就是要將空調管線中的氣體，雜質和水分排除，並確保冷房效果及減少機器的故障機會。

🛠 這樣施工不出錯

Step 1　將高低壓量表接住高低壓閥管線

　　安裝和連接內外機，將連接內外機的管道接好，用活動扳手鬆開冷氣室外機的高低壓閥，將冷氣高低壓量表的紅色管線接往高壓閥端，藍色管線接往低壓閥端，再把中間黃色管接往真空泵。

Step 2　開始抽真空

　　壓力表連接真空泵，打開高低壓表兩閥門後開真空泵，即開始抽真空。觀察冷氣高低壓量表數值，建議是將壓力抽置負0.1MPA絕對真空後再抽10 ～ 15 分鐘，操作時間要足夠才能確實清除冷媒管內的空氣。

Step 3　確認有無滲漏

　　先關掉高低壓兩閥門，再關掉真空泵，等10 分鐘確認真空度沒有減少，則表示沒有滲漏，完成抽真空。

抽真空後，要等 10 分鐘確認真空度是否減少。

監工重點

檢查時機

安裝管線後測試

☐ 1 連接壓力表，檢查各管線連接是否漏氣。

☐ 2 抽真空操作時間不能太短，否則無法達到預期效果。

☐ 3 銅管避免彎折，否則會導致冷媒輸送不易，降低冷房能力。

☐ 4 若完工後發現有不冷的情況，可自行在家先測試，將肥皂塗在連接頭等位置，確認是否有氣體漏出的情況，如果冒出氣表示接口沒接好。

Q6 室外機被擋住，冷氣會不冷？

安裝分離式冷氣時，想將室外機安裝在側面小巷弄的牆面上，空調師傅卻說要安裝在前陽台散熱比較好，可是卻會佔用陽台大量空間，真的是這樣嗎？

A 主任解惑：
室外機要留出散熱空間，通風必須夠好才能放

冷氣不冷還要考量到室外機安裝狀況，由於分離式冷氣靠大環境在散熱，室外機被高牆擋住，會使周遭的空氣在有限區域內產生短循環，造成散熱不良，壓縮機也很容易壞掉。

若在室內陽台放置時，機器與牆面之間至少要留15～20cm的距離，吸風量才夠大。

因此在選擇室外機的位置時，盡量放在室外，若是臨近小巷弄可評估是否有足夠的散熱空間。若是放在室內陽台，且陽台是密閉的，務必要架高室外機，或者將室外機的風口朝外，以不擋到散熱範圍即可。

🔧 這樣安裝室外機不出錯

Step 1　安裝室外機

分離式空調的室外機建議裝設結構穩固的地方。若要裝設在懸空的外牆上須安裝安全角架，需額外安裝維修籠，預留維修空間，讓日後維修人員有足夠空間施作。若室外機放在陽台，建議不要把機器直接放在地上，最好設置掛架，放在女兒牆上緣，讓機器背側的風口不受阻擋。

維修籠

安全角架

考量到日後維修的情形，一定要裝設維修籠和安全角架。

⊕ 室外機放外牆，安裝掛架

室外機掛在外牆時，要安裝安全角架，以支撐機體重量。並安裝維修籠，是留給維修人員日後方便維修的。

⊕ 室外機放陽台，需架高在女兒牆上

室外機若是放在前後陽台處，建議安裝在女兒牆上，使機體背面朝外，有效散熱。建議不要放在地面或貼牆，否則易生噪音和散熱不良。

室外機安裝在女兒牆上有效散熱。

⊕ 放在狹小巷弄，加導風板

若無良好位置，室外機必須放在狹小巷弄時，安裝位置需錯開鄰居的窗戶，避免直吹。同時，機體本身需加導風板，導風板的作用在於引導散熱風向，可向上或向左右排風，有助散熱。

加上導風板，有助引導散熱方向。

Step 2　美化管槽安裝

　　輸送冷媒用的銅管一般外面會包覆泡棉做保護及保溫，確保冷氣效能正常，冷媒管外面建議再用管槽修飾板，不只修飾美化管線，也可以防止泡棉因風吹日曬雨淋而風化。

管線外露的情況。管線外覆的泡棉可能會日久而損壞。

加上管槽修飾板，保護管線。

Step 3　機體定位

　　將室外機確實固定在安裝架上，以免有掉落的危險。避免裝在鐵皮牆面，否則運轉時則容易產生噪音。注意機器一定要離牆面15～20cm的距離。

放置機器時，要注意機器背側和牆面的距離不能太近。

主任的魔鬼細節

Better to do 1　留意新舊冷媒管使用

　　冷媒規格一直不斷更新，因為新冷媒的壓力大於舊冷媒的1.6倍，所以冷媒管的管徑厚度要求為0.8mm，在安裝時冷媒管外的保溫層上有註明新冷媒專用，如果要重新安裝冷氣，包括機器、冷媒管都要全部更新。另外，冷氣不冷的原因還有可能是冷媒漏掉造成冷房能力下降，常發生漏冷媒的位置可能在冷媒管焊接點、彎折處或室外機高壓接頭螺帽位置，這時最好請專業工程人員維修檢測。

Better to do 2　室外機與室內機距離愈近愈好

　　為了不破壞室內裝修，有些設計會將冷氣管線繞過廚房、廁所等有做天花的地方，但這樣有時會使室外機與室內機距離太遠，使冷媒管拉過長造成過多彎曲，大幅降低冷氣機能源效率，冷媒連接管應該在20m以內才可以維持冷媒效率，因此室外機離室內機位置儘量接近。

監工重點

檢查時機

放置室外機後檢測

———————

☐ 1 室外機需放置冷氣專用架上。

☐ 2 安裝在散熱空間足夠的地方，留意牆面和機器之間的位置。

☐ 3 若室外機安裝在外牆，需預留足夠的維修空間，架設維修籠。

03 安裝沒注意，小心漏水危機

我踩雷了嗎？

Q₇ 沒做好洩水坡度，天花板濕一片？

才新裝潢不到半年，就發現天花板濕一片，有時還會滴水，打開天花來看才發現吊隱式空調的盤內有積水，為什麼會發生這種事？

主任解惑：

A 安裝完冷氣管線後應該要先試水，確認洩水坡度是否做到

　　不論是吊隱式冷氣或壁掛式冷氣，都會有冷媒管和排水管，排水管主要的功能就是排除冷氣運轉後所產生的水，因此排水管必須做出洩水坡度，讓水能夠順利排出，以免洩水坡度不夠，積水於管內，使得排水管和冷氣機接頭承受不住而漏水，或是吊隱式冷氣的集水盤積水而滲漏。因此管線安裝完一定要試水，確認管線是否有順利排水。

除了可在排水管直接倒入水測試外，清潔完至少開機運轉4～8小時才能確認有無問題。

這樣安裝不出錯

Step 1　安裝冷氣管線

安裝冷媒管和排水管，排水管要注意洩水坡度是否有做到。

冷媒管

排水管

洩水坡度的方向

拉出排水管的洩水坡度。

Step 2　排水管進行試水

排水管灌水測試，約注入1～2分鐘後，沿路查看管線是否有順利排水。另外也要注意排水管和冷氣機的交接處有無漏水，若有的話，表示沒有鎖緊，再鎖一次即可。

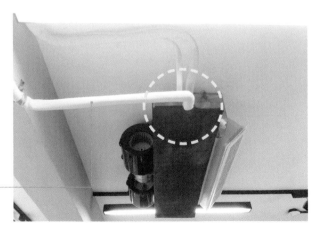

排水管

注意排水管和冷氣機的交接處有無漏水的情形。

📋 主任的魔鬼細節

Better to do　　排水管也套用保溫材，才不會冷凝水滴不停

冷媒管與空氣進行熱交換時，空氣中的水分在蒸發器的表面會不斷凝結成水珠。排水管將水分排出於設備時，此時水的溫度較低，相對會讓排水管的溫度也低，所以有可能會發生冷凝現象而持續滴水，滴落在天花上。因此建議連排水管也包覆保溫材較好。

排水管 ———

排水管包覆保溫材，可避免冷凝現象的發生。

⊕ 監工重點

檢查時機

安裝完冷氣管線後進行試水

——————

☐ 1 確認是否有做管線的試水檢測。

☐ 2 注意排水管和冷氣機的交接處是否鎖緊。

☐ 3 檢測排水管是否有包覆保溫材，以免發生冷凝現象。

避開冷氣漏水問題的建議

除了洩水坡度沒做好會導致漏水外，在安裝冷氣時，也要注意設備安裝的位置和角度，以及是否有做到保護措施，這些也都會影響到日後是否會漏水的機率。

Column

攝影_許嘉芬

Point1 ▶ **建議窗型冷氣向外傾斜，避免積水**

為了裝機美觀將窗型冷氣正面安裝，但這會造成洩水不易而積水生鏽，因此安裝時建議稍微往排水管的方向傾斜，讓冷氣水得以順利排出。

Point2 ▶ **出風口建議不要正吹上菜的位置**

不論是窗型、吊隱式冷氣，出風口的位置建議盡量不要正面吹向餐桌或上菜的位置，冷風遇到熱空氣時，會產生冷凝效果，因此該處的天花可能會時常遇到濕氣，導致日久受潮的情形。

Point3 ▶ **排水管內有灰塵堵塞**

在做好天花板時，一旦遇到有大量粉塵出現的工程，像是油漆在做打磨的期間，室內會佈滿粉塵，這時要記得將天花的開孔都關閉，並以養生膠紙保護室內機，以防粉塵進入室內機內部，事後室內機在運轉時就不會吸入粉塵，導致排水管內堵塞的情形。

Q₈ 室外機沒拉好管線，漏水源頭從外來？

家裡客廳的樑發生壁癌，查了一下才發現漏水竟然是沿著室外機的管線流進來，明明裝得好好的，為何會有水？

A 主任解惑：
若室外機放在頂樓，管線垂直進入家中，水就會一起流進來！

在長年的監工生涯中，常常見到室外機管線沒拉好導致的漏水問題。當住家位於頂樓，室外機放在屋頂時，冷氣管線會往下順著大樓外牆，洗洞後進入室內。一般採取的預防措施是在洗洞區域加上矽利康來堵水。但長久的日曬雨淋，矽利康會脆化脫落產生縫隙，一旦下雨，雨水就會沿著管線流入室內。若是管線是埋在牆內或天花，就會發現壁癌順著管線發生的情形。

解決方式是冷氣管線不垂直進入室內，拉出U字型再進入，創造滴水線效果。

這樣施工不出錯

Step 1　室外機放高處，管線要拉U字型

　　若室外機放在頂樓，位置比住家高時，管線往下進入室內，要先拉出U字型，讓雨水可以順勢往下。一般室外機若是放在後陽台，位置較低，就無須特別拉管。

管線垂直順勢進入室內，漏水機率大增。

管線拉出 U 字型，雨水進不了。

Step 2　洗洞處補上矽利康

　　為了要讓管線進入，會在牆上洗洞，在洞口和管線的交接處必須以矽利康填縫密實，以防雨水打入。

洞口交接處填實矽利康。

⊕

監工重點

檢查時機

安裝完管線時，確認室外機管線的拉法

☐ 1 室外機比住家高，管線要拉U字型。

☐ 2 室外機管線以管槽包覆，並固定在牆上，不僅美觀也能避免包覆材脫落問題。

☐ 3 牆面若有洗洞，矽利康要確實填滿。

做對尺寸、承重和選材，以免處處重做
木作工程

木作工程包括櫃體製作，天花板、櫃體及隔間等都屬於木工範疇，由於木材具有可塑性，可以利用不同的木素材作為基礎架構，或者塑造出特定造型的櫃體，為空間帶來多樣的變化，也是營造居家溫度不可或缺的材質。但由於自然環境的變遷，木素材的取得愈來愈不易，價格也隨之變高，因此發展出多元的替代材質，為了後續維修的問題，都各自發展出自己的工法。木作工程需考量到結構水平垂直的穩定性及承重性，因此板材材質的選擇和施作的工法都不能忽略。

01 天花板沒做好，無法穩固讓人好擔心
Q1 天花板被偷工減料，最後才知道？
Q2 天花想掛吊燈，矽酸鈣板承重力不夠？

02 木作櫃、系統櫃特性各不同，收邊水平要做好
Q3 衣櫃水平沒抓好，拉門永遠關不緊？
Q4 事前沒留好系統櫃的框架，尺寸不對有縫隙？！

03 木地板前基礎工程要做好，以免花錢再重鋪
Q5 改鋪木地板，一定要敲磁磚？
Q6 架高地板怎麼踩都有聲音，好擾人！

04 木隔間沒做好，承重隔音好煩惱
Q7 木隔間可以承重掛重物嗎？
Q8 想要安靜空間，木隔間隔音效果差？

01 天花板沒做好，無法穩固讓人好擔心

我踩雷了嗎？

Q₁ 天花板被偷工減料，最後才知道？

自己想省預算，找了報價較低的木工，結果地震後部分區域的天花板竟然下垂了，難道是師傅偷工減料的後果？

⊕

天花下沉因素和解決對策

吊筋沒有確實固定於 RC 結構

解決

試著拉吊筋，看看會不會被扯下來，若有掉落，則再次固定即可。吊筋需鎖入一根一吋半的螺絲，加強牢固度。

橫角料間距過大

解決

間距過大會讓結構較為鬆散，因此在未封板之前通常會去計算角料的根數。

主任解惑：

可能是橫角料間距太大，或是用了劣質角材

通常天花板變形或下沉的可能原因是施作不當，吊筋與RC層的天花沒有固定完全。一般來説，為了固定角料與修整天花水平，架設天花骨架前會先以角材組出T型的吊筋，以氣壓釘槍固定於天花RC層。現在由於新大樓RC結構磅數較高，氣壓釘槍的鋼釘可能無法完全打入結構，導致天花板無法確實固定而掉落，現有以角材組合L型鐵片的吊筋，以火藥釘槍鋼釘固定，較能確保打入結構。

另外，有時為了施工快速或節省角料，會將橫角料間距拉大，但間距過寬，板材因受力不足而使天花因此下沉。同樣的，若省下橫角料的根數，相對吊筋數會跟著減少，支撐力道也會相對減弱。

在看報價時，要注意一分錢一分貨，若報價較低的情況下，可能就會減少角料數量和吊筋間距，降低材料費用，藉此符合施工成本。但這樣反而划不來，事後發生問題，反而需要花費更多。

吊筋數量不足

解決

吊筋沒有做足，同樣會造成天花結構力的問題，在封板前需確認吊筋的數量。

選用劣質角材或氧化鎂板

解決

當材料到達現場時，需檢測材料的品牌、品名是否和當初議定的相同。

這樣施工不出錯

Step 1　訂高度、抓水平

天花板施作應從修整水平、訂高度開始，以設計師設定的天花高度為基準抓出水平，再以雷射水平儀掃描，訂出天花水平高度位置，並在牆上做標記。訂定時要將藏入天花板內的管線、照明、設備以及樑柱等元素一併列入計算，如此才能決定適合高度。

天花板的高度要納入管線、照明、樑柱等因素來計算。

Step 2　吊筋、下角料

吊筋是決定天花板穩固度的重要部分。吊筋是以角材組成一個像T字的組件，以及用角料與L型鐵件組成的。固定時，後者以火藥擊釘釘在天花RC層上，讓主骨架與吊筋結合，再依序下橫角料拼組成天花結構。

角料根數為2支主骨架和5支橫角料，2長5短最為恰當。

確實以吊筋固定支撐角料，天花才會穩固不歪斜。

角料與 L 型鐵件組成的吊筋。以火藥擊釘固定 RC 結構層。

Step 3　封板。板材建議避開氧化鎂板

在天花板骨架塗上白膠後，將板材黏上，再以釘槍
把貼覆於骨架的板材做固定。選用的板材需避開氧化鎂
板，一旦受潮易吸水，會讓板材呈波浪狀。辨識氧化鎂
板的方式可從邊緣看，氧化鎂板在邊緣會有纖維質，矽
酸鈣板則無。

封板，以釘槍固定。注意板材材質的選用，建議使用矽酸鈣板。

氧化鎂板易吸水，久了會成波浪狀。

⊕

監工重點

檢查時機

在封板之前檢查吊筋
及角料的狀況

☐ 1　檢查板材的品
牌和品質是否和議定
相同。

☐ 2　確認天花骨架
施工是否確實。

☐ 3　檢查吊筋數量
足夠並確實固定在
RC結構，位置最好
錯開才能受力平均。

Q₂ 我踩雷了嗎？

天花想掛吊燈，矽酸鈣板承重力不夠？

設計師跟我說天花板用的矽酸鈣板不能拿來掛吊燈，要用木芯板來代替？這樣好嗎？

A 主任解惑：

用木芯板加強承重力，矽酸鈣板較脆不能直接掛吊燈

矽酸鈣板承重力比較差，因此為了要強化其吊掛吊燈的力量，在設計圖面上要先標示出吊掛位置，在封矽酸鈣板前抓好吊燈電線出線點，由木工師將電線拉出來。吊掛位置再以承重力較好的夾板或木芯板補強，周圍還要加吊筋增強承重力道，以便日後能夠供吊燈鎖上。

 若吊燈過重或是要加上吊櫃的情形，木作天花可能承受不住，就會直接固定在原始天花的RC層結構。

這樣施工不出錯

Step 1　吊掛區四周增加吊筋，加強結構

吊掛區域四周的角料間距安排密集，同時最好在板材四邊角料都要加吊筋，承重力道和穩固性會更足夠。

增加木吊筋，使受力平均並加強支撐力。

Step 2　加上夾板

吊掛燈具的區域要補強4分～5分夾板或木芯板，增強其承重力量。

以夾板或木芯板增加承重力道。

Step 3　確認吊燈位置

在封板前，依照圖面標示確認吊燈吊掛位置，並拉出吊燈電線。

在封板前，拉出吊燈電線。

⊕

監工重點

檢查時機

封板前檢查吊筋數量和板材

☐ 1 吊掛位置加木芯板或夾板。

☐ 2 角料加吊筋加強。

☐ 3 吊燈電線要先出線。

02　木作櫃、系統櫃特性各不同，收邊水平要做好

Q₃ 我踩雷了嗎？

衣櫃水平沒抓好，拉門永遠關不緊？

臥房衣櫃的拉門門片都沒辦法關緊，老是往右滑，所以左邊都會有一條縫，到底是什麼原因？

A 主任解惑：

這是因為櫃體水平沒拉平，才會滑向一側。

量身訂製的木作櫃讓空間有效利用，也更符合個人收納需求，製作木作櫃和其他木作工程一樣首重垂直水平。一旦水平沒抓準，就會導致門片、抽屜也跟著歪斜無法關緊。因此在施作時可以用底部的踢腳板調整不平的地面。木作櫃桶身組裝完成放到適當的位置後，要對木作櫃做水平垂直校準，利用雷射水平儀調整木櫃兩側板內緣線平行，確認櫃體垂直水平精準後就可以下釘固定，再組裝內部五金及上門片，才可以確保櫃體直挺不歪斜。

常常聽到櫃體用了一段時間，發現抽屜關不起來或是門片關不緊的問題。除了可能一開始沒做完善之外，還要考量到五金的使用程度，有可能用久了五金有鬆動的現象，若想改善，重新調整五金即可。

這樣施工不出錯

Step 1　抓踢腳板水平，奠定櫃體水平基礎

用雷射水平儀抓水平，一般踢腳板高度約為10cm，也可根據現場高度或業主需要調整，接著在牆面作記號。踢腳板等同於整個櫃體的基礎，必須準確確認是否有達到水平。

Step 2　做踢腳板底座

裁切踢腳板所需的角料，按照標記固定於牆面，地面和踢腳板高度都要下角料，這樣上下緣才都有角料可以上釘固定。

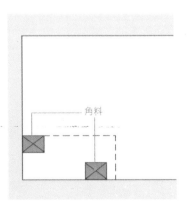

在牆面和地面下角料，作為踢腳板的支撐。　施作踢腳板底座。

153

Step 3　製作桶身後立櫃，注意桶身不可歪斜

製作櫃體桶身，注意桶身不可斜成平行四邊形，桶身內側加上層板，藉此固定桶身兩側不歪斜。將組裝好的櫃體桶身立起來，放置到預先做好的踢腳板底座上，抓平整之後再下釘，將櫃體跟底座固定起來。

先做出桶身四邊，中央再加上層板，以便固定桶身不歪斜。

Step 4　組裝櫃內五金和層板

櫃內元素多半依造個人需求做規劃，常見有層板、抽屜以及五金，其中層板分為固定與活動形式，常見五金零件如：拉籃、吊衣桿等。

依個人需求加裝所需的層板或五金零件。

Step 5　製作門片後安裝滑軌等五金

　　製作拉門門片，注意門片的尺寸必須精準，避免歪斜，之後安裝才不會出問題。接著安裝拉門五金，在木櫃上先安裝好軌道，門片下方要安裝滑輪五金，上方則要安裝卡扣五金，才能安裝好拉門門片。

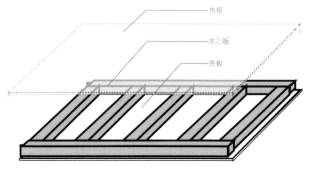

夾板
木芯板
夾板

製作門片，尺寸必須精準。

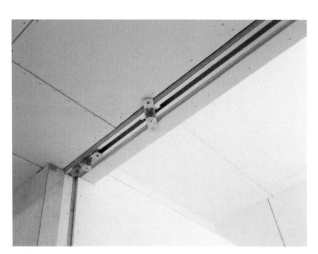

櫃體上方安裝卡扣五金，下方設置軌道。

01
天花板沒做好，無法穩固讓人好擔心

監工重點

⊕

檢查時機

施作踢腳板底座和桶身時要檢查水平

☐ 1 組裝過程中，確認是否有以雷射水平儀校正櫃體的垂直水平。

☐ 2 安裝五金時應注意是否確實清潔，避免木屑造成使用不順暢。

☐ 3 裁切出來的門片要方正，避免有歪斜的狀況。

☐ 4 櫃體層格跨距不能過長，以免承載過重板材下沉。

我踩雷了嗎？

事前沒留好系統櫃的框架，尺寸不對有縫隙？！

設計師建議書櫃可以木作和系統櫃搭配，但是系統櫃和木作接合的地方似乎沒有對齊，產生縫隙，到底是哪裡出問題？

主任解惑：

A 木作應先做好與系統櫃接合的區域，由木作師傅調整尺寸才對

由於系統傢具是丈量尺寸後在工廠預製，尺寸較為固定，當牆面不平整時無法完全貼合，為了呈現完美的平整度，木作師傅和系統工班會在現場討論，找出最適合的收邊方式。以工序來說，一般會是木工先進場做包框，調整牆面平整度，若系統櫃未置頂的情況，木作也需做出假樑，再嵌入系統櫃去嵌合。因此木作施作時一定要分毫不差的精準丈量尺寸。

系統櫃是丈量後在工廠預製施作，因此需要木作先做出框架，再去測量系統櫃的尺寸，這樣才較為精準。

這樣施工不出錯

Step 1　丈量尺寸

櫃體是木作和系統傢具結合時，木作工程在退場之前系統櫃工班就要進場量尺寸，並和木工協調那些部分需要由木作施作收邊。

Step 2　先做木工，預留系統櫃空間

由於系統櫃又無法現場修改，木工先依牆面狀況抓好水平垂直，再製作尺寸準確的框體為作收邊，系統櫃再以木作調整的框體尺寸製作，最後再將櫃體嵌入。

櫃體邊緣和上方木作假樑不齊。

精準修正假樑尺寸，櫃體和假樑齊平才美觀。

Step 3　系統板材分料組裝

系統櫃的板材會在工廠裁切好再送至現場組裝，再嵌入已調整好水平垂直的櫃體位置。依照需求配置層板、抽屜、把手、門板等等配件。

組裝系統板材。

主任的魔鬼細節

Better to do　　**系統傢具與木作配合，修飾剩餘空間最好看**

　　櫃體高度通常也要配合板材尺寸，系統板材最高約8尺（約240cm），如果以2.8米高的天花板來說，扣掉天花板和樓地板高度，安裝完系統櫃大約還剩40cm，剩下的空間可以利用木作設計收納或假樑來修飾。

系統櫃上方與天花之間的間隙，以系統板材貼合修飾。

 監工重點

檢查時機

木作退場前

──────────

□ 1 木作工程退場前，系統櫃工班要確認需收邊位置。

□ 2 木作收邊要先抓好天地壁的水平垂直。

03　鋪木地板前基礎工程要做好，以免花錢再重鋪

Q5

我踩雷了嗎？

改鋪木地板，一定要敲磁磚？

原來的地板是鋪磁磚，但是喜歡舒適的木地板，想省預算直接在地磚上鋪木地板，這樣是可以的嗎？

A

主任解惑：

磁磚若夠平整，可以直接鋪木地板；但若有翹曲、膨共的情況則要打除磁磚再鋪

能不能直接在磁磚地板上鋪木地板，取決於原本地磚平整度，愈平整鋪起來愈密實。若是高低差太多，日後踩踏地板出現噪音的機率比較大。若是地板有膨共、漏水等問題一定要先徹底處理再鋪設，如果單純是地面不平整，將磁磚打毛後，鋪上水泥砂漿或自平水泥順平地面。

地板發生膨共或漏水情形，建議要做好防漏，以水泥砂漿整平地面，再進行鋪設木地板，以免日後地板受潮或凹陷。

這樣施工不出錯

Step 1　檢視地面情況，有高低差就需整平地面

先丈量鋪設範圍尺寸，並檢查地磚是否有鬆動、漏水，裂縫等狀況，若有不平的地方以水泥砂漿整平地面。

以水泥砂漿整平地面。

Step 2　鋪防潮布

整理清潔地面之後鋪一層防潮布，主要目的是阻擋濕氣，減少踩踏時的噪音。

先鋪好防潮布阻擋地面水氣。

Step 3　收邊

由於冷縮熱漲的原理，漂浮式超耐磨木地板在施做時，地板與牆面間要預留8～10mm的伸縮縫。鋪設完成後，可以選擇矽利康、踢腳板或木質收邊條收邊。

⊕

監工重點

檢查時機

油漆工程後鋪木地板進行清潔前檢查

☐ 1 鋪設前先檢查材料包裝是否有瑕疵及毀損。

☐ 2 檢測木地板有無變形，企口或鎖釦有無損壞。

☐ 3 地板接縫大小是否不一、凹凸或邊緣高低差。

Q6 架高地板怎麼踩都有聲音，好擾人！

多功能和室採用架高地板設計，每次踩上去都會有聲音，是施工不良嗎？要怎麼改善才好？

主任解惑：

A 可能是角材沒釘實或是木材因熱漲冷縮發生縫隙，踩踏才會發生聲響

因為季節變換，木材質受到熱脹冷縮的影響，導致板材之間縫隙有時緊密、有時較鬆，木材互相擠壓多多少少都會有聲音。架高木地板踩踏會有聲響，可能的原因是地面主骨架與橫角料在施工時沒釘牢，或者板材因天候冷熱導致木材間產生縫隙。因此在施工時主骨架與橫角料要相互頂實，主骨架間距不能太遠，每間隔30cm下一支，使骨架結構及支撐力紮實，減少踩踏時產聲音。選材方面，早期使用實木角材熱脹冷縮明顯，目前使用集成材製成的橫角料膨脹係數較小，可以降低因為縫隙的聲響。

若架高木地板局部區域有聲音，事後若要修復，可以在該處打AB膠或發泡劑填補縫隙，緩衝木材之間的磨擦。

這樣施工不出錯

Step 1　清潔地面、鋪防潮布

整地清潔後先鋪一層防潮布阻擋地面濕氣，每塊防潮布都需交疊10cm。

Step 2　下角料

以角材組出木地板框架範圍，並以木地板完成面高度在牆面釘角料，並下T字型的木樁。完成後，這時就要去試踩木樁是否穩固或有下陷的問題。選擇角料的材質時，建議選用集成材的角料，較能降低木料變形導致出現聲響的問題。

下 T 字的木樁。

架高地板選用集成材的角材較能避免變形而出聲響的問題。

Step 3　下主骨架及橫角料

地面先下主骨架，主骨架與主骨架之間約距30cm，地面的穩固度比較高，接著再下橫角料，組成具有支撐力的方格骨架。

固定主骨架和橫角料，穩固支撐力。

Step 4　下底板及上面材

架高地板支撐結構完成後，鋪6分夾板，並以白膠及釘槍固定，最後上木地板美化表面。

鋪上底板，一般選用6分夾板。

主任的魔鬼細節

Better to do 1　木地板下面放備長碳調節溼氣

　　為了免木地板潮濕曲翹，鋪完木夾板後再鋪一層防潮布加強防潮，然後再鋪木地板，如果環境太潮濕，架高地板下面可以放備長碳吸濕，或者適當開除濕機都可以預防木地板潮濕。

Better to do 2　下底板時，建議底板長邊都要和角材相接固定

　　當走在架高地板時，若底板邊緣未釘在角材上，下方無支撐，一踩下去就有可能下陷因而有聲響。因此，建議底板長邊都要與角材固定，才能有效支撐。

⊕ **底板長邊未釘在角材上，踩踏易下陷**

底板長邊未釘在角材上，下方無支撐，踩踏就容易下凹。

⊕ **底板釘在角材上，下方有支撐**

底板長邊有角料支撐可下釘，踩踏較紮實。

⊕

監工重點

檢查時機

地板架好主骨架封板前檢查

☐ 1 主骨架和木樁鋪好後，未封板前在現場直接試踩樁，若發現有下陷可以要求重整。

☐ 2 確認主骨架與橫角料間距不可過大。

☐ 3 板材與板材、板材與牆面之間要留伸縮縫隙。

04　木隔間沒做好，承重隔音好煩惱？

Q₇

我踩雷了嗎？

木隔間可以承重掛重物嗎？

家裡的是木作隔間，想要在牆面吊掛大幅畫作，不知道牆面會不會撐不住？

A

主任解惑：

可以的，吊掛區的骨架排得密集些，並加上夾板，就能掛重物

　　木作隔間牆的作法是以角料立骨架，填入隔音材再封矽酸鈣板。如果想在牆面加上層板、冷氣，甚至是電視的設備，可依照不同的吊掛需求來加強木作結構。在立骨架時，就可在吊掛區安排較密集的間距，加強支撐力，封矽酸鈣板前先上一層夾板，增加一定的厚度，釘子就能夠咬合。

吊掛區放置的夾板會依照吊掛的物品而定，一般都是2分夾板，若需要掛電視或冷氣這種較重的設備，建議用到4分夾板較為安全。

這樣施工不出錯

Step 1　放樣立骨架。掛重物的區域，骨架要更密集

依照牆面的高度和幅寬比例調整角料的間距，間距越密，結構力越強，縱向角料大約隔30～60cm下一支，橫向角材則大約30～60cm下一支。在要吊掛重物的區域，間隔則需再更密集約15～30cm一支。

在吊掛重物的區域，骨架間距約在15～30cm。同時加上2分夾板，加寬日後下釘範圍。

Step 2　封板。依吊掛狀況可選擇2～4分夾板

封板時2塊板材之間要留出縫距，讓後續的油漆批土更為平順，否則接縫容易產生裂痕。牆面有吊掛需求，先放2分夾板，再加矽酸鈣板，2種板材用白膠黏合並上釘，牢固度和咬合力就會很高；若是要安裝壁掛式電視則要加4分夾板。如果牆面要打釘子，要注意釘子要下在角料的位置較牢固。

吊掛的物品越重，建議選用較厚的夾板，增加承重力。

⊕

監工重點

檢查時機

封板前檢查骨架排列

― ― ― ― ―

☐ 1 釘板前看骨架是否有頂到樓板。

☐ 2 骨架間距有沒有依照標準。掛重物的區域，骨架排列間距要更密集。

☐ 3 封板的板材之間是否有留縫。

Q8 想要安靜空間，木隔間隔音效果差？

自己非常要求隔音品質，但考慮到樓板承重又無法使用傳統的RC或磚頭隔間，使用木作隔間要怎麼加強隔音效果？

A 木作隔間需內覆吸音材和表面多封夾板來加強隔音

木作隔間是利用角材和板材組合而成的結構體，優點是施工非常方便快速，但由於所有材料皆是木材，結構為中空，因此隔音效果有限，通常在結構間會填充可吸音或隔音材質，像是有加鋁箔紙的岩棉。一般隔間多使用60K左右的岩棉，所謂的K數是岩棉的密度，K數越高，隔音越好，而且一定要充分填實，讓聲音有效吸收不外傳。

除了運用岩棉這種吸音材料，在封矽酸鈣板前多加一層夾板，也能增加隔音效果。

這樣施工不出錯

Step 1　骨架立到天花

用角料架起牆面結構後，先封上一側背板，以防填充岩棉不會掉出。

Step 2　填入岩棉

檢查岩棉，確認K數是否達到與議定的要求。在背板與角材之間的空隙填實岩棉。

確認岩棉材質的 K 數。

岩棉依照骨架分割塊狀後填入塞滿。

Step 3　**封夾板及矽酸鈣板**

多封一層夾板加強隔音效果，再封上矽酸鈣板。

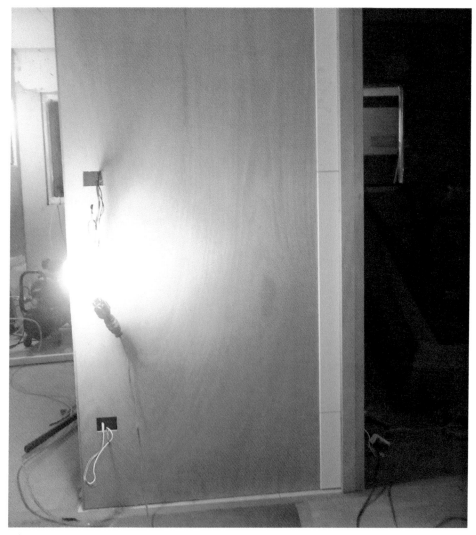

先加上 2 分夾板，加強隔音。

主任的魔鬼細節

Better to do　　**隔間要做到頂，提升空調效能同時較能隔音**

　　裝潢施工程序建議先做隔間，並且高度做到頂再做天花板，這樣不但能提升空調效能，也能加強隔音效果。

⊕ **木作施作區域順序**

木隔間	木天花	木櫃體	木地板

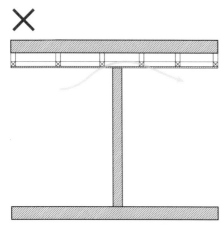

隔間沒做置頂，聲音容易外傳。

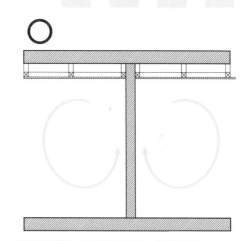

隔間做到置頂，有效隔絕室內每一空間的音源。

 ⊕

監工重點

檢查時機

封板前檢查骨架間距與岩棉填充

☐ 1 岩棉有沒有確實填實塞滿。

☐ 2 岩棉K數是否與議定相同。

☐ 3 在封矽酸鈣板前，亦可多封一層夾板。

批土上漆耐心來，
否則裂痕凹洞到你家
油漆工程

裝潢工程進行到油漆部分時，代表空間的整體架構機乎已經完成，油漆能為天花板、牆面及木作表面進行修飾的工作，使空間看起來更漂亮完整。看似簡單的油漆工程，可不只是拿把刷子刷刷牆面就完成了，其中可是大有學問。油漆除了表面裝飾的作用，同時也具有保護功能，漆料的選擇，刷漆的工法、顏色的搭配都決定了整體空間呈現的質感。

01 批土隨便做，牆面凹凸不平滑

Q1 縫隙沒補好，裂痕頻出現？！

Q2 批土上漆都做了，牆面怎麼還是有瑕疵？

Q3 牆面的刷痕好明顯，顏色交接處又不直好難看！

Q4 油漬沒處理，上新漆還是蓋不住！

02 櫃體有洞沒補，木皮起皺又不平

Q5 木櫃表面不平整，師傅推諉天氣問題！

Q6 櫃體表面有明顯裂痕，甚至櫃內還有凹洞！

01 批土隨便做，牆面凹凸不平滑

我踩雷了嗎？

Q₁ 縫隙沒補好，裂痕頻出現？！

家裡是輕隔間牆，才裝修完沒多久牆面就出現直線的裂縫，是油漆批土沒做好的關係嗎？

主任解惑：

A 有可能是板材間隙留不夠或是填縫不確實，產生空隙

　　現在木作天花板、輕隔間大多是採用矽酸鈣板作為隔間的表面材質。為了避免板材與板材之間因為地震碰撞產生裂痕，會在交接處留出約0.3cm的縫隙，縫隙需使用AB膠填縫並黏著，之後再批土把接縫的地方填平。這樣施作的工法，AB膠的彈性可緩衝地震撞擊，同時解決板材接合處產生裂痕的問題。

由於AB膠會乾縮，因此務必要經過兩次的填補，才能有效補滿空隙。

這樣補縫不出錯

Step 1　板材之間留0.3cm縫隙

　　木工在施作天花板及輕隔間時，在板材與板材之間接合處會留約0.3cm的縫隙，讓板材不要直接靠在一起。

在木工施作階段就要注意板材間隙不要留得太密，否則後續的 AB 膠填縫會補不進去。

Step 2　以AB 膠填縫

　　板材與板材之間縫隙需使用AB膠來填縫，因為膠材會乾縮，因此AB膠需上2次。上完第一次AB膠後等待乾燥，再施作第2次。

注意第一次填上 AB 膠後，必須等完全乾燥後再繼續，否則可能會發生無法填實的情形。

Step 3　貼上抗裂纖維網補強

　　補完AB膠後，可加上抗裂纖維網補強，再填入第2次的AB膠。抗裂纖維網貼在板材的交接處，可避免地震時的拉力，有效預防出現裂痕。

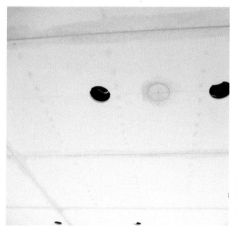

貼上抗裂纖維網可抵抗地震所產生的拉力，避免裂痕。

🔧 這樣修復不出錯

Step 1　重新補土再上漆

　　若發生裂痕的話，事後以美工刀稍微劃開裂痕，讓裂縫留出空隙方便後續的施工，接著再進行補土填平就好。

主任的魔鬼細節

Better to do 1　務必在板材邊緣導角，批土更平整

板材在拼接時多少都會有些許的高低落差，因此木作在施作時，板材邊緣必須要削出導角，這樣板材之間的間隙在AB膠填縫後，上批土時可以減緩落差，表面修飾平整的效果較好。

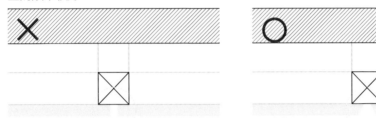

板材邊緣為 90 度直角，AB 膠不容易填入。　　　　板材邊緣削出 45 度，留出更多空間方便填縫。

Better to do 2　AB膠要提早入場，工期才能不拖延

不論是天花、隔間，只要有板材拼接的部分都必須施作填縫，施作範圍相對較大，需要較多時間，因此多半會在木工快要退場前，就讓油漆師傅先進入施作，板材邊緣削出45度，留出更多空間方便填縫。

監工重點

檢查時機

補完2次AB膠後確認

☐ 1　確認板材之間的間隙必須適中，不能太寬或太細。

☐ 2　確實補上2次的AB膠，需等第一層AB膠乾透後，再上第2次AB膠。

☐ 3　須提早入場施作，確保AB膠乾透。

Q₂ 批土上漆都做了，牆面怎麼還是有瑕疵？

油漆工程完工後牆面有凹洞和裂縫，明明油漆師傅說已經上2道漆了？

A 主任解惑：
可能是批土和補土沒做好、沒仔細檢查，才會有凹洞和裂縫

　　油漆工程最常被拿來討論的就是要上幾道漆、批幾次土，其實這個關乎到很多層面，除了要看房屋牆面的狀況，還要考量到屋主的預算及對牆面平整度的要求。如果是新成屋，建商已經有做基本的批土和上漆，但整個施工過程難免會弄髒牆面，一般都會建議再漆一次，但要求到多細緻平滑就要再依需求考量。老屋因為年久失修，牆面可能狀況比較多，像是裂縫、掉漆或凹洞等，在上漆之前一定要先檢視，用樹脂補滿裂縫，並仔細批土填補凹洞。

牆面平整度除了看批土的技術和次數外，最一開始的泥作打底就要盡量做到平整，否則事後批土再多次也是難以挽救。

這樣上漆不出錯

Step 1　檢視牆面狀況，處理凹洞

先做牆面檢視處理裂縫及凹洞，以具有彈力的樹脂填補裂縫，減少日後再裂開的機會。

填補原有凹洞和裂縫。

Step 2　全室批土、補土

處理完牆面裂縫後就要進行批土來填平凹洞處，批土的動作可先由主要較大的坑疤區做起，通常批2道土的牆面平整度較好。全室批土完成後再以機械打磨，並清潔牆面上的粉塵。

批土最好 2 道以上，如此牆面才較為平整。

Step 3　傢具完成上漆後，再回來進行牆面底漆

　　牆面打磨後，接著就先進行櫃體、門片等其他需上漆的傢具，等傢具完成上漆後再回來施作牆面。

　　牆面上第1道底漆，無論是手刷塗漆或選用其他工法，專業的油漆師傅通常在底漆部分會選擇以噴漆方式，主要是可以節省不少工作時間。

牆面塗上第 1 道底漆。

Step 4　打燈檢視牆面，進行修補、打磨

　　此步驟的檢查最為重要，若要想要讓牆面盡量平整，沒有凹洞的話，上完底漆後必須拿工作燈由側面打光照射，由各角度來檢查牆面是否已經夠平整。若仍有凹陷狀或呈現波浪狀的光影，則需要再次批土並打磨。要注意這也是容易被省略偷工的環節。

打燈才能確實注意到是否有凹陷的狀況。　　進行打磨。

主任的魔鬼細節

Better to do 1　AB膠乾透後再進行批土

　　2道AB膠上完後需等待膠完全乾燥後，才能進行下一步驟。批1道土再全面滿批1道以整平表面。若是只批1道，等AB膠乾縮後會容易發生凹痕，必須再多批1次土。

Better to do 2　直接全面補土並加入色料，方便檢視補土範圍

　　為了要看清楚補土的位置，通常會加入色料區別，方便檢視是否有確實補土。較建議全面補土，雖然花費的時間和費用較高，但較能確保表面的平整度。

⊕

監工重點

檢查時機

進行補土後確認

———————

☐ 1 批土後，用手觸摸確認平整度，建議可環繞室內一圈。

☐ 2 間接照明或者其他有安裝燈光的地方，接縫及批土要仔細確認。否則在燈光照映下會使不平的地方更明顯。

☐ 3 打磨的粉塵很多，一定要先將燈具開孔蓋住以及空調包好，以免粉塵進入。

Q₃ 牆面的刷痕好明顯，顏色交接處又不直好難看！

刷完漆發現有些區域的刷痕好明顯，底下的顏色還透出來。不止如此，兩牆用不同顏色，結果交接處顏色沒塗好歪歪的！

A 主任解惑：
遮蔽膠帶沒貼好，又只上一層面漆才會發生這樣問題

在上漆時，在門窗、天花與牆面等交接的地方都會先貼上遮蔽膠帶。我會特別注意膠帶是否有貼好，這樣在施作時才能確保上漆的線條是筆直的。

另外，刷痕的問題，大多是因為面漆只上一層，或是面漆過於濃稠，才讓刷痕變得明顯。建議乳膠漆和水泥漆要加水稀釋後再上漆，並有2道面漆以上。

選用的刷子刷毛也會影響到刷痕，一般較好的材質是用羊毛刷，能減少刷痕的產生。

這樣上漆不出錯

Step 1　上漆前，先貼上遮蔽膠帶

在門窗四周、天花和牆面的交接處貼上遮蔽膠帶。要注意膠帶是否有確實貼直。

Step 2　上2道以上的面漆

塗料使用前要以攪拌棒依同一方向充分攪拌均勻，使上下漆料不會有色差。最後面漆常會上2道以上，一方面可避免厚薄不一，也可讓色彩較飽和。

建議面漆至少要塗 2 道，較能呈現均勻又飽和的顏色。

 ## 主任的魔鬼細節

Better to do　乳膠漆或水泥漆加水稀釋不是偷料，而是要減少明顯刷痕

最後上乳膠漆或水泥漆時，建議可以將漆料加水稀釋不要太濃稠，讓上漆時刷動較滑順，可減少刷痕的產生。但要注意不能加太多水，以免漆膜若太過稀薄容易透出底漆。另外，刷子是手刷漆工法的靈魂，一般來說有豬毛刷、羊毛刷，羊毛刷細緻度較好，手刷牆面的刷痕也較不明顯。

 ## 監工重點

檢查時機

上漆前注意

———————

☐ 1 確認漆料保存期限避免使用過期漆，並檢查使用的塗料品牌與等級是否是當初談定的。

☐ 2 施作油漆前必須先幫傢具做好保護措施，窗框、門片四周用遮蔽膠帶貼覆，避免沾染到油漆，並確認牆面交接處的膠帶是否筆直。

☐ 3 漆料加水稀釋，並確實塗2道以上的面漆。

我踩雷了嗎？

Q₄ 油漬沒處理，上新漆還是蓋不住！

我家客廳有燒香，長期下來牆面被薰得黃黃的，重新裝修想省錢不動天花板只重新上漆，但上完漆沒多久，牆面就有類似油漬浮出來，到底發生什麼事？

主任解惑：

A 要用油性漆覆蓋才有效

臺灣居家客廳難免有燒香拜拜的習慣，或者廚房炒菜油煙都會使天花板或牆面被油煙薰黃，如果不先處理油污問題直接上漆，焦油會穿透吐色出來，造成批土與油漆無法附著。因此打磨處理油污，批土後再上一層白色油性漆打一次底，將焦油封住，再來做後續面漆處理。要注意一定要先用油性漆，才能有效覆蓋原有污垢。

除了薰香造成的油污之外，其餘像是貼覆壁紙等牆面問題都要先撕除乾淨，才能進行後續的上漆。

這樣修復不出錯

Step 1　處理油污，補批土後上油性漆

先上1層白色油性漆打底，蓋住油煙薰黃的牆面。

一定要上油性漆才能有效遮蓋油漬。

Step 2　上面漆

用油性水泥底漆隔離油煙形成的焦油後，若牆面有不平整的地方，先進行批土、打磨，接著就可上面漆修飾。

若有凹洞、裂縫等區域，要先批土整平後再進行後續的步驟。

監工重點

檢查時機

處理完油污，上面漆前

☐ 1 注意使用的漆料材質，必須選擇油性漆打底。

☐ 2 事前處理其餘的牆面問題，將壁紙、報紙等刮乾淨，讓牆面平整。

01 批土隨便做，牆面凹凸不平滑

02　櫃體有洞沒補，木皮起皺又不平

我踩雷了嗎？

Q₅ 木櫃表面不平整，師傅推諉天氣問題！

　　油漆師傅似乎因為趕工，木作噴漆很快就完成，完工後木皮表面竟然有起皺的現象，師傅推說是連日下雨濕度太高造成的，真的是這樣嗎？

主任解惑：

A 可能是噴漆沒有徹底乾透就進行，讓木皮起皺了

　　木作噴漆時要注意每道塗層必須徹底乾燥才能再塗第二道漆，溫度過低時（接近冰點）或濕度過高時，就需延長乾燥時間讓漆料充分乾燥。如果噴塗時間間隔過短，導致塗層未乾燥硬化時就塗下一道，木皮表面就可能會有反白、起泡、起皺等現象。

下雨天通常會延長油漆工程的時間，這是因為濕度較高的情況，漆料乾燥的時間也會相對拉長，因此上漆時，多半會盡量避開雨天。但若有限定工期的問題，則可能會發生減少工序、或是未乾燥就上漆的情形。

這樣施工不出錯

Step 1　檢視木作表面，先打磨再染色

　　先檢視噴塗表面是否有髒污，先初步打磨整理乾淨，確保表面平整，同時也能幫助漆料吃色，然後再開始進行木皮染色工程。

經過打磨的程序，有助於事後的上色。

Step 2　木皮染色後，等待乾燥

　　當木皮上漆染色後，需等待一段時間乾燥，一般會盡量避開下雨天來施作，以免拉長乾燥時間。

染色木皮等待乾燥。

Step 3　噴塗底漆

　　確認染色完全乾燥後，開始第1道底漆噴塗，確認底漆完全乾燥後，開始全面打磨平整，並再上一次底漆。

主任的魔鬼細節

Better to do　**完成木作噴漆後，貼上保護再進行其他油漆工程**

確認木作面漆完全乾燥後，進行保護工程把已施工完的木作完全包覆，避免進行其它油漆施工被其它塗料污染到。

木作完成噴漆後，要貼上保護措施。

監工重點

檢查時機

木作噴漆時檢查

□ 1 注意噴漆漆面是否均勻，不能有垂流現象。

□ 2 如果有漆面有反白、起泡、起皺等現象，要重新處理。

□ 3 櫃體要留意底邊等細節部位是否也有上到漆。

Q₆ 櫃體表面有明顯裂痕，甚至櫃內還有凹洞！

驗收時，發現櫃體表面有明顯的裂痕，門片還粗粗的好扎手，還有破洞沒補，這是偷工減料嗎？

A 主任解惑：
打磨時沒仔細檢測，沒做好補土和細磨，才會有裂痕問題

在上漆的過程中，首先木作門片也要和牆面相同，裂痕處要補土填實，整平門片表面，再進行後續的上漆過程。而補土完成後，就可以開始上底漆並打磨，要注意的是，打磨時需要燈照檢測，並使用細砂紙手工細磨。讓木作表面更為細緻，才不會有扎手的問題。

要想讓木作表面變得細緻，一定要選擇號數大的細砂紙再打磨過，不能選用較粗的砂紙，否則會留下刮痕。

這樣修復不出錯

Step 1　門片有裂痕，要先進行補土

木作門片的裂痕和凹洞，以補土填實。

運用不同色系讓補土的區域更為明顯，藉此分辨凹洞裂痕的區域。

Step 2　噴塗底漆後以機具打磨，反覆三次

全面打磨後開始進行2～3道底漆噴塗，並在每一次噴完底漆後，再進行打磨，讓木作表面更平滑。

Step 3　以燈照檢測，再以砂紙細磨

待底漆完全乾燥後進行細砂紙細磨處理。均勻細磨後再面漆噴塗，總共需噴塗三道。每次間隔需再做更細緻的打磨，可以使木紋紋理更清晰，同時也能讓表面平滑。

所有可以用手摸得到的地方都要用砂紙磨過，以防粗糙。

⊕

監工重點

檢查時機

木作噴漆時檢查

☐ 1 注意門片表面是否有加上補土，可觀察表面是否有裂痕和凹洞。

☐ 2 注意木作層板、門片的表面和背面，都要確實以細砂紙細磨，可用手觸摸確認。

設備安裝不仔細，
油煙、漏水流入全室
廚衛工程

廚房和衛浴雖然是家裡的小空間，卻是包含最多生活機能的地方，廚衛除了基本的水電、泥作工程之外最重要的還有設備工程，施工須注意不同工序的銜接安排。廚房主要是廚櫃及三機的安裝及電器設備的配置，因此電器設備的事前規劃相當重要，這部分牽涉到廚房的電力配置，同時在使用安全，且符合使用者需求的原則下，要能創造流暢的下廚動線。

衛浴工程包括面盆、馬桶、浴缸、淋浴等設備安裝，這些無不牽扯到「水」的處理，冷、熱給水、排水口徑、管道距離等都要考慮周詳並仔細處理，才不會造成使用上的不便，由於衛浴是家中用水最頻繁的地方，也是最常發生漏水的區域，施作防水是衛浴工程中重要環節之一。

01 排煙、排水管線位置不妥當，油煙亂竄又淹水

Q₁ 我踩雷了嗎？

排煙管拉太遠，滿屋子都是油煙！

廚房在更改裝潢後，裝排油煙的位置也調整到離排風口較遠的位置，但機器用一陣子以後，發現吸力愈來愈弱，現在每次炒菜完滿屋子都是油煙，怎麼會這樣？

A 主任解惑：

有可能是風管拉太長，排煙力道減弱

排油煙機的排風效果除了考量到品牌、機型，機體及排風管安裝的位置也是影響排油的重要因素，排煙管的效能會隨著管子的長度降低。因此一旦有調動排油煙機的位置，就要注意風管長度不可超過5m，若超過5m需再加裝中繼馬達，並且使用PVC硬管材質，才能維持一定的排風效果。另外，風管標準直徑尺寸為5吋半，建議避免縮小管徑，且風管盡量不要彎折，否則可能造成油煙在管內轉彎處累積，導致排油煙力道降低。

要注意的是，變頻式排油煙機安裝中繼馬達，要用雙開關啟動。一個接排油煙機，一個接中繼馬達。

這樣施工不出錯

Step 1　確認排油煙機位置及風管路徑

　　在規劃配置排油煙機時，要注意距離不能離排風口太遠，以免排風管拉太長，影響排風效果。

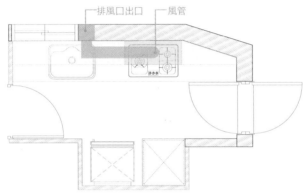

Step 2　固定排油煙機

　　依照不同的廠牌型號，有不同的安裝方式。一般來說，可利用L型鐵片和螺絲將排油煙機固定於廚櫃內。

以 L 型鐵片和螺絲固定排油煙機。

Step 3　安裝風管。長度較長，要改為PVC硬管

　　風管安裝時要注意不可壓折管徑，避免產生回壓的問題。若重新更換排油煙機，原本的舊風管也要一起拆掉，重新安裝新的風管較能維持好的排油效果。另外，若廚房有改位置，風管路徑較長，會改使用PVC硬管。這是因為原本的鋁管材質較軟，容易會有下垂的問題，油煙就因此堆積在下方，油垢囤積久了有可能會太重而發生破裂的情況。

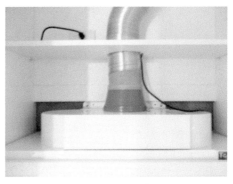

若排煙風口較近，風管直接用鋁管材質。

鋁管的距離一旦拉長，會有下垂問題，導致管內油垢堆積。

風管路徑較長，建議改成 PVC 硬管。

主任的魔鬼細節

Better to do 1 風管與牆面交接處要用PVC硬管

要更換風管位置時，風管若會穿透牆面，牆面需洗洞，且風管須全面採用硬管施作，這樣水泥砂漿凝固時，才不會擠壓到風管。

風管與牆面的交接處要用 PVC 硬管，避免被擠壓變形。

Better to do 2 排煙管折成U字型，使用愈久麻煩愈大

在拉排煙管時有可能遇到需經過天花樑的情形，這時排煙管千萬不要順著樑折成U字型，因為時間久了，油污會累積在U字型的底部，會造成管線下沉，當油煙被堵住排不出去，也會讓機器壞掉。因此可製造假樑包覆，讓風管下降到樑下距離後就走直線出去，以免造成日後維修的麻煩。

監工重點

檢查時機

安裝完成後開機測試功能

☐ 1 排油煙管距離儘量不要超過5m。

☐ 2 排油煙管避免2個以上的彎折。

☐ 3 舊機換新機，一定要重新安裝新風管。

Q2

我踩雷了嗎？

廚房裝了冷氣，但怎麼都沒吹到風？

夏天煮飯好熱，煮完以後就滿頭大汗，可以在廚房裝冷氣嗎？會不會影響排油煙的效果？

A

主任解惑：

應該是冷氣位置不對，被排油煙機吸走冷風

廚房裡面適不適合裝冷氣，首先要了解幾個問題。由於排油煙機屬於局部排風設備，如果排油煙機吸力很強，冷氣一出風，馬上就會被吸走，反而沒達到冷房的效果。因此要從門窗的縫隙補風進來，使廚房達到通風平衡，安裝時冷氣和排油煙機要分別裝在同一牆面的左右兩側，當冷氣從左吹過來，排油煙機在右邊，就不影響排油煙機的工作。

如果是吊隱式冷氣，可以從主機接出風口進到廚房，迴風口則要安排在其他空間，才不會吸到油煙互相干擾。而冷氣室外機最好不要裝在排油煙機的出口附近，如果不得已最少要離1m以上，以免油煙影響室外機散熱效果。

除了安排冷氣位置外，在炒菜時，建議關冷氣。若不關冷氣，油煙會從迴風口回去，而使得冷排囤積油煙，所以建議每2個月要清潔室內機，避免油垢附著。

這樣施工不出錯

Step 1　配置冷氣和排油煙機位置

　　不論是吊隱式或壁掛式冷氣，出風位置要和排油煙機交錯，需置於空間同一側，降低被排油煙機吸走的問題。若為吊隱式冷氣，則要將迴風口放到別的空間，否則會吸入油煙，造成冷氣管線內部殘留油污的情形。

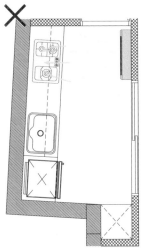

冷氣和排油煙機相對。冷風馬上吸進排油煙機裡，廚房不會冷。

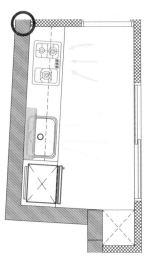

冷氣和排油煙機在同一側。冷風不會馬上被吸走。

Step 2　若有需要，可加上補風設備

　　若冷氣和排油煙機可安排的位置有限，會造成冷風馬上被排油煙機吸走的情形時，可在排油煙機的附近，加上補風設備，注入室外空氣，有效維持室內冷房效果。

監工重點

檢查時機

規劃平面圖時，確認冷氣配置位置

☐ 1 確認冷氣和排油煙機的位置不可正面相對。

☐ 2 吊隱式的迴風口要離排油煙機遠一些，最好設在其他空間。

我踩雷了嗎？

Q₃ 廚房排水沒接好，上面堵水地面淹水！

上個月洗碗的時候發現排水的速度變慢，最近水竟然從地板的排水孔冒出來，而且還油膩膩的，現在洗碗時都要小心翼翼的開著小水慢慢洗，有時感覺很火大，怎麼會這樣？

主任解惑：

A 可能是排水管堵塞或是管線銜接不良造成的

廚房水槽的排水管通常和地板排水管匯集同一條污水排水管，因此水槽水管如果有堵塞的情況，加上使用時水壓的沖力，地板排水孔就會跟著冒出水來。在拉廚房排水管時要注意接管的方式，地板排水管建議「逆接」，由於水流是不斷向管道間往前流，因此刻意將地板排水管朝逆水流的方式銜接，可以預防污水迴流，而水槽的排水孔和地面排水孔距離最好拉遠一點，能避免水從地面排水孔冒出。

一旦發生地面排水冒水的問題，先清理排水管的堵塞問題。若是管線沒接好造成的，就必須打鑿地面，重新配置管線。

這樣重新配管不出錯

Step 1　放樣定位、切割打鑿

鋪設給水、排水管需事前放樣定位，確認打鑿的位置，先切割再打鑿，降低打鑿的破壞度。

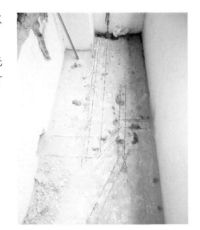

在地面切割出給水和排水管的位置。

打鑿。鑿出埋入管線的深度。

Step 2　鋪設排水管

　　排水管注重的是排水的順暢度，鋪設時以水平尺確認是否有一定的洩水坡度，若遇轉角需避免90度角接管，否則會在轉角處卡污，難以清理和順暢排水。

排水管的轉角處一定要避免 90 度角，以免發生堵塞情形。

Step 3　逆接廚房地排

　　廚房水槽排水管先接一段軟管，然後再接到牆壁排水管。地板排水管則以逆水流的方向銜接，並與水槽排水管保持一定的距離。若是距離太近，有可能會發生回流問題，導致地面排水孔冒水。

地板排水管與水槽排水管順接。水槽排水管一有水流入，水很容易就會從地板排水管冒上來。

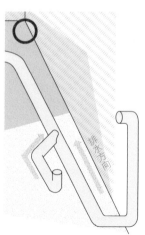

地板排水管與水槽排水管逆接。水不會回流到地板排水口。

主任的魔鬼細節

Better to do 1　不設地排，可以加裝漏水斷路器

　　現在有些新式大樓已經不設置地面排水孔，一方面可以防止蟑螂從排水孔出沒，也減少污水從地面溢出來的機會。如果擔心漏水或淹水問題，可以在水槽底下裝漏水斷路器，當設備漏水時底部海綿因為吸收到水而膨脹，然後將進水口塞住停止水源繼續流出，相當簡便安全。

Better to do 2　排水管多留在一截，從櫃內露出方便維修

　　廚櫃內部的排水管，不論是從壁面出管或是從地面出管，建議都多留一截，在櫃內露出，一旦發生漏水，打開櫃子就能維修。

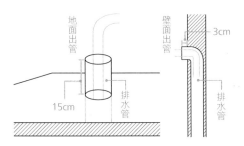

排水管露出於櫃內，較容易看到漏水點，並方便維修。

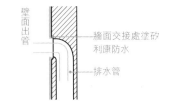

若排水管是藏於牆內，一旦發生漏水，會直接滲進水泥沙漿，因此管壁出口邊緣要塗上矽利康防水。

 監工重點

檢查時機

鋪設水管後在泥作工程前檢查管線

☐ 1 將硬管接至櫃內露出方便日後維修。

☐ 2 注意排水管洩水坡度是否足夠。

☐ 3 地板的排水孔與水槽排水孔距離不要太近。

02 馬桶、浴缸要裝好，使用舒適不漏水

我踩雷了嗎？

Q4 衛浴好小，連馬桶的位置都好擠！

每次上廁所時都覺得左右兩側距離好近，好有壓迫感，難道這就是小浴室的宿命嗎？

主任解惑：

A 馬桶糞管中心點兩側至少要各留出 35cm 寬以上，才會覺得較為舒適

在安排衛浴設備前，要先做好空間配置，規劃好管線的位置，再根據衛浴空間的大小及個人喜好需求選擇設備。衛浴空間設備的重點物件不外乎是洗臉盆、馬桶、浴缸或是淋浴設備，即使衛浴空間不大，安排時仍要考慮到人體工學，使用起來才會感到舒適。而安裝馬桶位置要以糞管為中心，從糞管中心到兩側的距離最少一定要各有35cm，建議最好超過35cm以上，使用時比較不會有壓迫感。

配置衛浴動線時，若馬桶與洗手檯相對，至少要留出60cm，讓人可以通過；而馬桶不要離牆太近，從馬桶側邊到牆面的距離至少要有20cm。

這樣配置不出錯

Step 1　空間配置規劃

先規劃衛浴空間整體配置，確認設備位置才能安排管線出口。

Step 2　確認設備規格尺寸

糞管的管徑尺寸不一，必須要注意是否與馬桶規格相符合。另外，在配置馬桶位置時，需以糞管為中心至兩側距離，至少各要35cm才行。

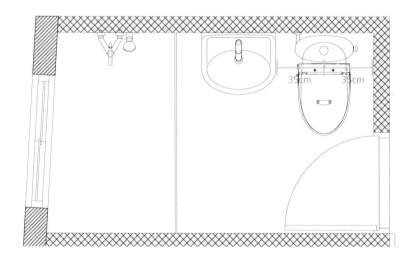

Step 3　選擇符合需求的設備

依照個人喜好空間條件選擇馬桶，如果空間太小建議選擇小一點的馬桶，務必留出舒適的使用距離。

主任的魔鬼細節

Better to do　　**利用偏心管稍微移動馬桶，但千萬不要移太遠**

　　安裝馬桶的距離是以一般人平均肩寬60cm為基準來設定，以糞管為中心到牆壁距離有35cm以上較佳，如果位置真的不夠，可以利用馬桶位移專用的偏心管稍微移動馬桶位置，但不建議糞管離太遠，建議要離5cm以內否則就要墊高地面，才能有足夠的洩水坡度。

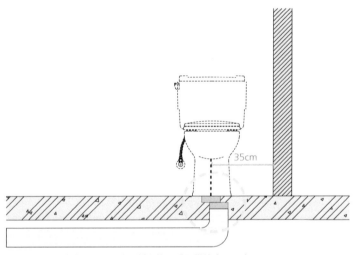

馬桶移位不遠的情況下，可使用偏心管，爭取糞管中心至少
離牆 35cm 的舒適距離。

監工重點

檢查時機

水電配管後泥作進場安裝前，確認設備的位置和尺寸

_____

☐ 1 事前確認馬桶規格與糞管尺寸是否相符。

☐ 2 安裝馬桶的位置左右距離要足夠。

☐ 3 馬桶移位距離不能太遠，要確認與糞管的銜接是否確實。

符合人體工學的衛浴設備配置

　　在配置衛浴設備時，需留出適當動線，必須符合人體工學的
尺度，人在內部活動才不顯壓迫。

Point1 ▶ **洗手檯前方需留出60cm以上的走道**

一般來說，一人側面的寬度約在20～25cm，肩寬為52cm，若洗手檯前方為走道，建議前
方需有60cm以上。若是一人在盥洗，一人要從後方經過，則需留出80cm以上。

Point2 ▶ **馬桶兩側要留出20cm，前方要留出60cm**

馬桶尺寸面寬大概在40～55cm，由於人是走到馬桶前轉身坐下，因此馬桶前方需留出
60cm的迴旋空間，兩側則是要有35cm以上，起身才不覺得擁擠。

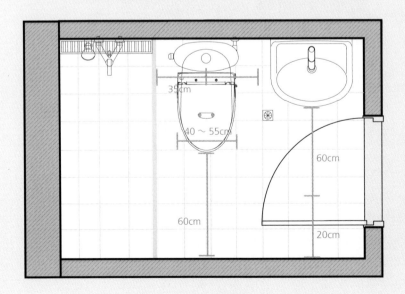

Q₅ 浴缸內部沒清乾淨，水排不掉？！

主臥浴室安裝了夢寐以求的浴缸，但沒多久浴室外側的牆面摸起來都有點潮潮的感覺，有些地方油漆還有浮起的現象。結果拆開浴缸來看，發現內部有泥沙未清又有淹水，怎麼會這樣？

A 主任解惑：

這是因為浴缸內部泥沙沒清乾淨，擋住洩水路徑，才會造成淹水

浴缸和淋浴間是衛浴空間裡面最常接觸到水的位置，因此做好防水是必須的。在施作浴缸區時，有些師傅往往因為貪圖方便，未先清理內部的碎石或泥砂，就直接放入浴缸。如此一來，即便地面有做好洩水坡度，還是有可能因為泥砂堵住的關係，而讓水無法順利排出，造成淹水的情形。時間一久，不但將防水層泡壞，牆面也會因為吸水產生壁癌。

在安裝浴缸時，也要注意浴缸排水管必須放好。當管線放入地排時，位置不要塞滿，要留出一些空間，以防地面有水，讓水可以順利排出。

這樣施工不出錯

Step 1　施作洩水坡度，並進行防水

　　在安裝浴缸的地面做出洩水坡度，讓水往排水孔方向流，並在陰角邊加不織布加強。以水平尺確認洩水坡度後，再塗上防水層。

浴缸區洩水坡度做完後，塗上防水層。

Step 2　安裝浴缸和排水管

　　由於當人踩入浴缸時會有重量，為了避免浴缸位移，裝設浴缸時會在地面砌磚，接著將浴缸放在磚上，再以水泥沙漿固定。不僅有效穩固浴缸，也能墊高浴缸高度，入浴時才不會覺得低矮。

　　浴缸排水管套入地排。注意浴缸的排水管要調整好位置，同樣要留意洩水角度的問題，讓水能順利排出。

安裝好浴缸後，調整排水管的角度。

Step 3　清理浴缸區內部的碎石或泥砂

先清好內部的碎石，避免阻擋洩水路徑，接著將磚砌滿。

內部清理乾淨後，再砌好浴缸。

Step 4　浴缸外側打底、塗上防水層

砌磚完後，浴缸外層粗胚打底，並上防水層，加強防水。

建議防水層的範圍從浴缸外側延續至地面較佳。

主任的魔鬼細節

Better to do 1　砌磚浴缸加不鏽鋼，一勞永逸防漏水

如果不買現成的浴缸，直接以紅磚砌出浴缸，比如說像日式泡湯池經常是這樣的設計。由於是磚造結構的浴缸，除了先在施作範圍打底、做洩水坡度及施作防水層之外，在砌出浴缸的樣子後，直接套入訂製的不鏽鋼箱體，再於不鏽鋼體上方貼磁磚，以達到強化防水結構，預防地震造成裂縫，發生漏水的狀況。

Better to do 2　浴缸與牆面的交接處也要做洩水坡

在使用浴缸時，一定會有水溢出浴缸之外，因此在浴缸四周，甚至和牆面的交接處，以水泥砂漿順勢拉出坡度，讓水可以向外流，避免積水情形。

浴缸與牆面的接縫處以水泥砂漿做出洩水坡度，之後再以矽利康填實，可降低水滲入的機率。

 監工重點

檢查時機

泥作施作時檢查洩水坡度及防水，浴缸未砌滿前確認砂石有無清除

☐ 1 以水平尺測量浴缸地面的洩水坡度。

☐ 2 安裝浴缸時，注意排水管的擺放位置，並檢查浴缸區是否有清除砂石。

☐ 3 注意浴缸上緣四周是否有做出洩水坡度。

清潔工程

粗清

Point 1 ▶ 粗清和細清的差別

一個負責任的設計公司會要求每階段工程的工班在完工後清理現場，因此在正式進入清潔工程時主要清理裝潢施工過程中產生的木屑、噴漆粉塵等。一般裝潢撤場的清潔分為「粗清」及「細清」，所謂的「粗清」，指的就是將現場的大型垃圾先回收清除，像是燈具、家電的紙箱保麗龍等大型包裝材，以及初步清理粉塵、或施工時的殘留的水泥塊、現場的保護材等；而「細清」則就必須利用專業的工具打掃，將空間內所有細節仔細打掃乾淨。

清理木皮、廢料等大型垃圾。

Point 2 ▶ 粗清的施工順序

拆除養生膠紙時，注意黏膠不要撕掉木皮。

Step 1 清理大型垃圾

將事先已安裝的燈具、家電等包裝材、保護板材及施工廢料進行清理或回收。要注意的是，油漆工程貼的保護材「養生膠紙」黏著度很高，要確認底下沒有先貼一層紙膠，否則拆除時很容易將木皮拉起。

Step 2 初步清潔現場

用掃把或雞毛撢子等基本打掃工具，簡單的清潔噴漆產生的白色粉末粉塵，泥作、木作施工時的碎屑。

當裝潢工程進入尾聲，在進軟裝傢俱前，還有一項清潔工程要做。清潔工程主要工作是清理現場，因為施工過程中造成的灰塵、木料屑、噴漆粉塵等，甚至是地板或櫃子邊角不小心留下的殘膠、油漆等等，都必須在交屋驗收前處理乾淨。

別以為清潔工程只是簡單的打掃，其實因為清理的層面很廣，需要相當仔細，而且不能弄傷原有裝潢，建議還是經由專業人士來處理，可以省去入住後還要自己清潔的麻煩，因此現在大多清潔工程也被列在預算裡面。這裡要值得注意的是，清潔工程的內容包括哪些？有什麼注意的事項？交屋前要仔細檢查，最後才可以開心入厝。

Point 3 ▶ 有鋪木地板的情況，清潔就要先入場

一般來說，清潔工程會在所有工程結束後再進入，但若要鋪木地板時，通常會建議清潔要先入場，先做「粗清」，將所有的大型垃圾清掉，維持地面整潔後再鋪木地板。這樣地板下方就不會堆積垃圾。木地板鋪設完成後就可以進行「細清」。

Point 4 ▶ 壁掛式冷氣試機前，最好先做粗清

裝潢工程長期下來一定有很多微細灰塵，即使清潔後多少還是會有落塵在空氣中會慢慢飄下來，經過粗、細清2次清潔，落塵量一定會比較少。要留意的是，壁掛式室內機大多會在油漆工程快結束時安裝，安裝完成後一定要做包覆保護。

夏天期間，通常會在細清時測試冷氣，程序上會在上午先細清周圍粉塵，下午拆除保護，再試冷氣功能和有沒有漏水。要測試冷氣建議最好先有粗清的動作，避免過多粉塵影響冷氣效能，如果沒有粗清就等細清完成，安裝窗簾後再試機。

可在上午做完壁掛式冷氣的清潔後，下午進行冷氣試機，冷氣才不會吸入過多粉塵。

細清

Point 5 ▶ **細清程序，由天花、櫃體、牆面開始**

基本上，清潔工程的順序多半由上而下，由內而外，因此大多先從全室天花板除塵開始，再處理牆面及櫃面，最後才來打掃地板清潔。

Point 6 ▶ **細清時，只要屋主有可能會碰到的地方通通都要清理**

到了細清階段，基本上專業的清潔工班都會將空間打掃的很乾淨，但有些地方還是容易被忽略，像是天花板的維修孔、冷氣濾網、間接照明溝槽、電源開關箱、燈具上方以及陽台木棧板下方、落水口等都要檢查，任何可拆卸、屋主將來可能會碰觸的部分都要清理乾淨。另外，還有裝潢一開始安裝給工人清理工具的沉澱箱，也要將汙泥倒在麻布袋一併清走，才算清理完成。

清理窗框玻璃。不鏽鋼鐵窗若有鏽跡，要用去鏽劑處理。

Point 7 ▶ **「細清」必須利用專業的工具打掃**

專業清潔人員會針對不同建材，運用不同的工具和清潔劑來清理，例如像是大理石或拋光石英磚地板要用洗地機及吸水機處理，玻璃部分要用專用的刮刀、小黃刮刀，才不會刮傷玻璃表面。

另外，大理石怕酸容易氧化，因此不能酸性清潔劑，而且天然大理石有毛細孔，所以只要有顏色的液體，一沾上去毛細孔馬上吸收吃色。遇到這種情形，可以用工業用雙氧水來清洗可以恢復原色。因此請設計師推薦值得信任的專業清潔人員比較有保障，如果是自己找的話，最好能先確定負責清掃的人員是否具有專業知識，才不會損傷現場建材。

拆卸紗窗，清理窗溝。

Point 8 ▶ **處理施工的殘膠水泥**

施工過程中在難免在櫃子邊角有殘膠，泥作部分有水泥沾黏或者被油漆滴到的地方，專業清潔工必須透過一些技巧及專業工具清理，才能確保建材不受傷害。

Point 9 ▶ 清理櫥櫃等細部

表面看得到的地方清潔完後，開始進行較細部清理，包括全室
櫃體的抽屜、層板、門板及把手五金。

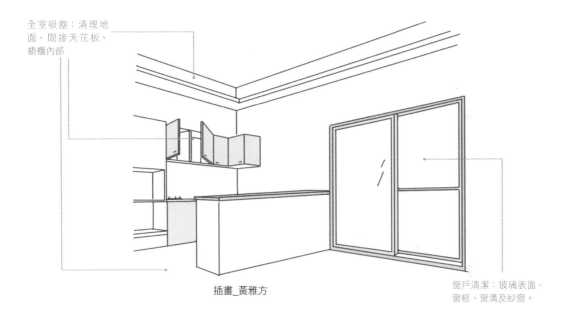

全室吸塵：清理地
面、間接天花板、
櫥櫃內部

窗戶清潔：玻璃表面、
窗框、窗溝及紗窗。

插畫_黃雅方

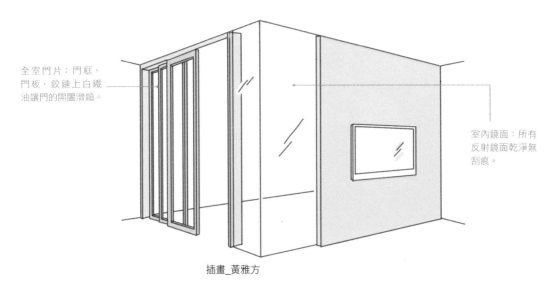

全室門片：門框、
門板，鉸鏈上白鐵
油讓門的開闔滑順。

室內鏡面：所有
反射鏡面乾淨無
刮痕。

插畫_黃雅方

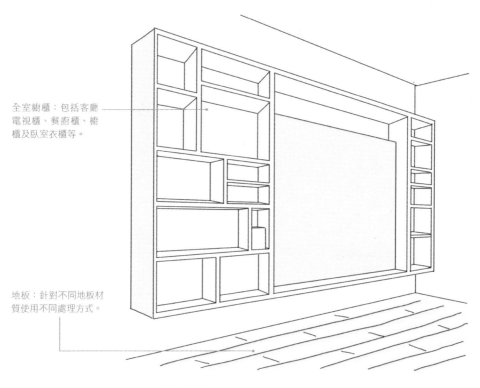

全室櫥櫃：包括客廳
電視櫃、餐廚櫃、櫥
櫃及臥室衣櫃等。

地板：針對不同地板材
質使用不同處理方式。

插畫_黃雅方

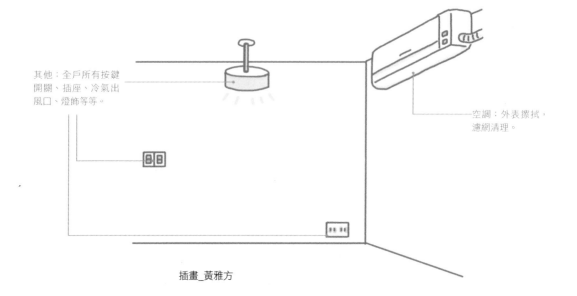

其他：全戶所有按鍵
開關、插座、冷氣出
風口、燈飾等等。

空調：外表擦拭、
濾網清理。

插畫_黃雅方

衛浴：磁磚、浴缸、
洗手台及馬桶及其他
的衛浴設備。

插畫_黃雅方

吸塵器清理天花板
內部粉塵。

插畫_黃雅方

217

附錄 監工事項 Check List

原有屋況檢查

項次	檢查內容	確認
1	體驗動線、通風與光線	
2	天花板、外牆、及地板有無滲水現象，鋁門窗是否變形及滲水現象	
3	浴室外牆較易滲水處有無補土粉刷現象	
4	全室強弱電管線及開關箱是否需更新（無熔絲開關有無跳電鬆動跡象、插座有無負載焦黃跡象）	
5	全室給排水是否需更新（水質觀察與排水測試）	
6	弱電與消防管線功能是否正常（電視訊號、電話、對講機、差動器等）	
7	總電源安培數：□30A □50A □60A □75A以上	
8	有無蟲害現象	

防水工程

項次	檢查內容	確認
1	公共區域器材搬運及垃圾清運路線有否保護確實	
2	落實工安，禁止不安全的施工方式	
3	有壁癌須擴大區域打除且要拆除見底	
4	工程前務必做好整理素地（面）的工作，並修補地面（壁面）坑洞（裂痕）	
5	確認地面濕度是否符合施作標準	
6	塗佈一道防水底油（防水工程中非常重要的一道施工程序）	
7	加強陰角與落水口塗佈，是否鋪纖維網提高防水的效力，每層等乾透才能繼續施做	
8	壁癌打除，壁面防水處理後，粗胚打底前待雨天後驗收，並確認沒有漏水狀況	

保護工程

項次	檢查內容	確認
1	保護地面整理乾淨，避免砂石殘留	
2	搬運行徑動線確實保護	
3	電梯（間）確實保護	
4	一層防潮布，一層瓦楞板，最後一層2分夾板，總共鋪3層	
5	防潮布鋪滿地面，鋪設時2塊防潮布需交疊	
6	塑膠瓦楞板拼接鋪設必須要用膠帶沿接縫處黏合固定	
7	木夾板整齊鋪好要用膠帶沿接縫處黏合封好	
8	張貼施工公告、工作守則、施工圖、工期表	

拆除工程

項次	檢查內容	確認
1	需備拆除放樣說明圖，並確實放樣	
2	不能破壞像是樑柱、承重牆、剪力牆等建築結構體	
3	確定保留物品清單並確實防護或包覆	
4	確定水的總開關位置，並關閉水源與瓦斯	
5	全室排水管要塞住或膠帶貼封	
6	確認地壁磚是否打除見底	
7	禁止不安全的施工方式及預防樓外墜物	
8	路邊堆放位置確認，地面防護與事後清理	

水電工程

項次	檢查內容	確認
1	確認放樣尺寸位置，確認全室燈具及插座迴路用電分配量	
2	確認空調供電位置及規格，確認浴廁暖風機電源及規格	
3	地板完成面向上量出基準高度水平線，之後用這條水平線作為標示高度定位基準	
4	牆面切割路徑再進行打鑿；出線盒位置的打鑿深度必須適中，太淺出線盒埋不進去	
5	埋入的出線盒要注意材質選用，廚房、衛浴、陽台等選擇不鏽鋼的出線盒	
6	接近水源的插座像是浴室、陽台、廚房要配置漏電斷路器	
7	利用水平尺確認排水管、糞管是否有達到一定的洩水坡度	
8	拍照紀錄：插座、開關、燈具及弱電路徑、給排水管路徑	

泥作工程

項次	檢查內容	確認
1	評估拆除後地坪是否需做防水	
2	水泥、砂調合的比例要正確，粗胚打底為1：3，表面粉光1：2	
3	檢查水泥使用期限與品牌，砂的品質及是否使用回收舊磚	
4	鋁窗全面嵌縫前務必要清除木塊，以免日後腐爛後內部形成空洞造成漏水	
5	窗框填完水泥砂漿後，外框和結構體之間須留約1cm 深度的溝槽	
6	紅磚內部要充分吸飽水（外乾內飽），大面積磚牆砌磚高度每日以不超過1.2～1.5m	
7	浴室防水要高出天花板一些，塗抹第一層彈泥要加水稀釋，如此彈泥才能滲透底層加強防水	
8	浴室粗胚打底地面整平後要以水平尺確認洩水坡度是否四面八方皆向落水頭方向	

鋁窗工程

項次	檢查內容	確認
1	套窗要以水平尺或雷射水平儀調整水平,並確實將舊框包覆再以矽膠密封	
2	安裝玻璃時確認內框內外溝槽打入矽利康填補縫隙,並注意玻璃溝槽縫隙是否適中	
3	注意防水氣密和結構強度,注意玻璃尺寸及規格(厚度、強化、膠合、反射或低輻射玻璃)	
4	調整滾輪、止風塊等五金,讓內框得以抓對水平、順暢開闔	
5	窗框與牆體要留1cm縫隙塞水路打入水泥砂漿,並且要砂漿下沉後再打入反覆施作	
6	鋁窗廠牌樣式(橫拉窗或推射窗)與規格(外觀尺度及鋁料結構)	
7	鋁窗顏色與廠牌,螺釘、把手等附件材質	
8	安裝時要特別注意垂直、水平和進出是否一致	

空調工程

項次	檢查內容	確認
1	規格位置／型號確認(室內機／室外機),室外機位置散熱是否良好	
2	空調冷媒管路徑圖確認(室外加裝保護管槽),排水位置路徑確認	
3	PVC排水管需以接合劑確實連接,排水是否有洩水坡度,部分需包覆泡棉以防冷凝水	
4	室外主機懸吊於外牆以不超過樓板一半為原則	
5	外機要固定在安裝架,裝設結構穩固的地方,並且需額外安裝維修籠	
6	維修孔開在機器電腦板附近,開口尺寸依機器大小設置,以維修人員方便上去為主	
7	注意與天花板適當迴風的距離,出風前方有否35cm以上不被遮擋,出風與迴風位置是否順暢	
8	裝機完畢,需將空調以膠帶貼覆或是以塑膠袋包覆保護機器	

木作工程

項次	檢查內容	確認
1	檢查角材、板材的品牌和品質,確認槍釘是為不鏽鋼材質	
2	確認天花骨架施工是否確實,檢查吊筋數量足夠並確實固定在樓板	
3	燈具及差動器等出線位置確定,吊掛吊燈位置以夾板或木心板補強,周圍加吊筋增強承重	
4	隔間有否做到天花板,岩棉有否填實,岩棉是否60K以上,需吊掛物品處有否加夾板加強	
5	櫃體後牆面為外牆、浴室需加防潮布隔開,櫃體垂直水平是否精準,五金配件使用是否順暢	
6	系統收邊位置木作有否抓好天地壁水平垂直,系統櫃體層格跨距有否過長	
7	封板的板材邊緣需做導角以AB膠填縫,板材與樑柱之間需留出3mm的縫隙以水性矽膠填縫	
8	平鋪木地板前,檢查地板面材是否鬆動、漏水等,不平的地方以水泥整平並清潔	

漆作工程

項次	檢查內容	確認
1	確認漆料保存期限，檢查塗料品牌與等級（必須為合約指定）	
2	板材之間縫隙使用AB膠填縫，木作退場前一週施作第一道，油漆進場施作第二道（確保乾透）	
3	裂縫加樹脂批土填補，填平凹洞較大面積處做起，批土2道以上再以機械打磨	
4	工作燈由側面打光照射，檢查牆面是否仍有凹陷或波浪狀的光影，若有則需要再次批土並打磨	
5	塗料使用前要以攪拌棒依相同方向充分攪拌均勻，面漆上2道以上	
6	噴漆每道必須徹底乾燥才能再塗第二道，溫度過低（接近冰點）或濕度過高，需延長乾燥時間	
7	噴漆漆面是否均勻，不能有垂流現象，如果有漆面有反白、起泡、起皺等現象	
8	噴漆完全乾燥後，進行保護工程把已施工完的木作完全包覆	

廚衛工程

項次	檢查內容	確認
1	風管長度不可超過5m，若超過需再加裝中繼馬達，並且使用PVC硬管材質	
2	廚房不設置地面排水孔，水槽底下裝漏水斷路器	
3	地板排水管與水槽排水管「逆接」及拉遠	
4	水槽的地面排水管須多高出地面15cm、壁面排水管多出壁面3cm	
5	鋪設給水、排水管需事前放樣定位，確認打鑿的位置，先切割再打鑿	
6	排水管以水平尺確認是否有一定的洩水坡度，若遇轉角需避免90度角接管	
7	安裝浴缸的位置地面做洩水坡，讓水往排水孔方向流，並在陰角邊加不織布加強	
8	確認馬桶規格與糞管安裝位置左右距離要足夠，糞管為中心馬桶兩側距離有35cm以上	

清潔工程

項次	檢查內容	確認
1	「養生膠紙」黏著度很高，要確認底下沒有先貼一層紙膠，否則拆除時很容易將木皮拉起	
2	維修孔、冷氣濾網、間接照明、電源開關箱、燈具上方以及木棧板下方等都要檢查	
3	大理石或抛光石英磚地板要用洗地機及吸水機處理	
4	玻璃部分要用專用的刮刀、小黃刮刀，才不會刮傷玻璃表面	
5	廚房重度油垢及頑垢建議使用鹼性，衛浴則使用酸性清潔劑	
6	大理石怕酸容易氧化，不能酸性清潔劑	
7	窗戶清潔：玻璃表面、窗框、窗溝及紗窗	
8	公共區域、電梯（間）、搬運及清運路線有否清潔確實	

特別感謝

這本書最後要特別感謝以下各項工程的廠商和施作工班大力協助，有些師傅已經和我合作數十年的時間，不但培養良好的合作默契，在過程當中也都彼此教學相長，才累積我今天這麼深厚的實戰經驗。同時，也要謝謝漂亮家居出版社的總編輯寶姐、責任編輯竺玲以及執行編輯佳歆，一起努力才有這本書的誕生。

感謝以下協助此書的所有團隊，謝謝大家！

協力團隊

今硯設計團隊　　張明忠、房芯卉 設計師

今硯工程團隊　　洪浩恩、吳家旗 工程師

協力建築師　　　張明禮 建築師

協力設計師　　　陳君治 設計師

國家圖書館出版品預行編目(CIP)資料

拒踩裝潢地雷！資深工班主任親授關鍵施工
100/ 張主任著. -- 初版. -- 臺北市：麥浩斯
出版：家庭傳媒城邦分公司發行, 2017.08
面； 公分. -- (Designer ; 30)
ISBN 978-986-408-301-5(平裝)
1.房屋 2.建築物維修 3.家庭佈置

422.9 　　　　　　　　　　106011060

Designer 30

拒踩裝潢地雷！資深工班主任親授關鍵施工100

實戰30年的裝潢經驗，教你掌握工法、選材重點，安心監工不求人

作者	張主任
責任編輯	蔡竺玲
執行編輯	陳佳歆
封面&版型設計	白淑貞
美術設計	詹淑娟
插畫	黃雅方
發行人	何飛鵬
總經理	李淑霞
社長	林孟葦
總編輯	張麗寶
副總編輯	楊宜倩
叢書主編	許嘉芬

出版｜城邦文化事業股份有限公司 麥浩斯出版
地址｜104台北市中山區民生東路二段141號8樓
電話｜02-2500-7578
E-mail｜cs@myhomelife.com.tw

發行｜英屬蓋曼群島商家庭傳媒股份有限公司城邦分公司
地址｜104台北市民生東路二段141號2樓
讀者服務專線｜0800-020-299（週一至週五AM09:30～12:00；PM01:30～PM05:00）
讀者服務傳真｜2578-9337
E-mail｜service@cite.com.tw
劃撥帳號｜1983-3516
劃撥戶名｜英屬蓋曼群島商家庭傳媒股份有限公司城邦分公司

香港發行｜城邦(香港)出版集團有限公司
地址｜香港灣仔駱克道193號東超商業中心1樓
電話｜852-2508-6231
傳真｜852-2578-9337

馬新發行｜城邦(馬新)出版集團 Cite (M) Sdn Bhd
地址｜41, Jalan Radin Anum, Bandar Baru Sri Petaling,
57000 Kuala Lumpur, Malaysia.
電話｜603-9057-8822
傳真｜603-9057-6622

總經銷｜聯合發行股份有限公司
電話｜02-2917-8022
傳真｜02-2915-6275

製版印刷｜凱林彩印股份有限公司
版次｜2017年8月初版1刷
　　　2023年3月初版6刷
定價｜新台幣399元整

Printed in Taiwan